Urlandschaften Österreichs

Urlandschaften Österreichs

Herausgegeben und gestaltet
von Gerhart Langthaler

Geleitwort Konrad Lorenz

Essays von Peter Adamicka, Werner Gamerith, Robert Krisai, Heinz Löffler, Bernd Lötsch, Wolfgang Retter und Elfrune Wendelberger

160 Farbfotos von Franz Antonicek, Rudolf Berger, Elke Forisch, Werner Gamerith, Heinz Löffler, Wolfgang Retter, Georg Riha, Arnold und Josef Samuel, Gerhard Scheiterle und Peter Schöffmann/Doris Banach-Foltin

Jugend und Volk Wien München

BILDNACHWEIS

Franz Antonicek: auf den Seiten 90 oben, 100 oben links und rechts, Mitte rechts, 102 oben, 103, 106, 110, 112, 126 oben links, 144
Rudolf Berger: 94 oben rechts, 98 oben und links unten, 100 Mitte unten, 102 unten, 124 unten, 126 oben rechts, 128, 130, 131, 132, 133, 134, 135, 136, 137, 138 unten, 139
Elke Forisch: 64, 90 unten, 91, 92, 93, 94, 95, 96, 97, 98 rechts unten, 99, 100 Mitte links, 101, 104, 105, 107, 108, 109, 111, 112 unten, 113
Werner Gamerith: 49, 55, 56, 57, 58, 59, 60, 61
Heinz Löffler: 126 Mitte und unten, 127, 129
Wolfgang Retter: 17, 18, 19, 20, 21, 22, 23, 24, 25, 26, 27
Georg Riha: 89, 115
Arnold und Josef Samuel: 62, 63, 117, 122, 123, 124 oben und Mitte, 125, 138 oben
Gerhard Scheiterle: 50, 51, 52, 53, 54
Peter Schöffmann/Doris Banach-Foltin: 28, 29, 30, 31, 32

ISBN 3-224-16055-1 Jugend und Volk Wien

Druck: Gutenberg, Wiener Neustadt

Inhaltsverzeichnis

Die Autoren

Peter Adamicka, Dr.
1940 in Wien geboren. Studierte Zoologie und Botanik an der Universität Wien. Schwerpunkte seiner Forschungsarbeit Morphologie und Ökologie. Arbeitet an der Biologischen Station Lunz der Österreichischen Akademie der Wissenschaften.

Werner Gamerith, Diplomingenieur
1939 in Eggenburg, Niederösterreich, geboren. Studierte an der Universität für Bodenkultur in Wien Kulturtechnik und Wasserwirtschaft. Lebt seit 1964 mit seiner Frau, die Malerin ist, als Kunsthandwerker auf einem Mühlviertler Einschichthof. Seit seiner Jugend ist er dem Kamptal verbunden. Publiziert und hält Vorträge zum Thema Natur- und Umweltschutz. Erhielt 1984 gemeinsam mit seiner Frau den Konrad-Lorenz-Preis, der in diesem Jahr unter dem Thema Kunst und Ökologie stand.

Robert Krisai, Dr., a. o. Univ.-Prof.
1932 in Braunau, Oberösterreich, geboren. Studierte in Wien Welthandel. Ab 1963 freiberuflicher Kaufmann. Betrieb nebenberuflich Moorforschung. Studierte dann Pflanzensoziologie und Vegetationsforschung. 1975 Habilitation in Salzburg zum Thema „Geobotanik mit besonderer Betonung der Moorforschung". Erhielt 1981 den Titel a. o. Universitätsprofessor.

Heinz Löffler, ord. Univ.-Prof., Dr.
1927 in Wien geboren. Studierte Zoologie, Botanik, Chemie und Paläontologie. Unternahm zahlreiche Forschungs- und Studienreisen. Leitet die Abteilung für Limnologie an der Universität Wien, ist Direktor des Instituts für Limnologie und Gewässerschutz der Österreichischen Akademie der Wissenschaften und Leiter der UNESCO-Kurse für Limnologie.

Bernd Lötsch, Univ.-Doz., Dr., Biologe
1941 in Wien geboren. Studierte an der Universität Wien Biologie und Chemie. Lernte bei seinem Vater, einem angesehenen Kulturfilmhersteller, das Filmhandwerk. Seit 1973 Aufbau des Instituts für Umweltwissenschaften. Biologielehrerausbildung an der Universität Salzburg (1973). Gastvorlesungen an der Akademie der bildenden Künste, der Medizinischen Fakultät und an mehreren Universitäten des Nahen und Mittleren Ostens.
Direktor der Abteilung Wien des Instituts für Umweltwissenschaften und Naturschutz der Österreichischen Akademie der Wissenschaften. Produzierte zahlreiche Hochschulunterrichts- und Forschungsfilme. Seit 1969 in Umweltfragen engagiert, zahlreiche Publikationen. Seit 1974 häufige Zusammenarbeit mit Konrad Lorenz in Umweltfragen.

Wolfgang Retter, Dr.
1938 in Innsbruck geboren. Studierte in seiner Heimatstadt Biologie und Geologische Wissenschaften. Arbeitet und lebt als AHS-Lehrer in Lienz. Präsidiumsmitglied des Naturschutzbundes. Obmann des Vereines zur Erhaltung der Erholungslandschaft Osttirol. Seit 1972 Aufbau eines dokumentarischen Bildarchivs zum Thema Nationalpark und Kraftwerksbau. Erhielt 1983 vom Bundesministerium für Gesundheit und Umweltschutz den Konrad-Lorenz-Preis für Leistungen auf dem Gebiet des Umweltschutzes.

Elfrune Wendelberger, Dr. phil.
Studierte Biologie an der Universität Wien, dissertierte über die Vegetation der Donauauen. Arbeitete als Forstbotanikerin in den Auwäldern Ober- und Niederösterreichs und der Steiermark. Als pflanzensoziologische Sachverständige für Auwälder kartierte sie im Zuge der amtlichen Beweissicherung die Auwälder der Rückstauräume. Für Verdienste um die Erhaltung der Auwälder erhielt sie 1981 den Konrad-Lorenz-Preis. Zahlreiche Veröffentlichungen und wissenschaftliche Publikationen über die Donau- und Murauen. Standardwerk über die Donauauen: „Große Wildnis am grünen Strom", 1976. Bücher über Alpenpflanzen, Lilien und Orchideen.

Nur was der Mensch kennt, lernt er lieben.
Was er liebt, verteidigt er!

Konrad Lorenz

Zum Geleit

Immer schneller verlieren die Menschen den Kontakt mit der Natur, immer mehr verlieren sie das Empfinden für wirkliche Werte, immer mehr neigen sie zu dem gefährlichen Irrglauben, daß jedem Wert ein Preis entspreche, der quantitativ in einer Summe Geldes ausdrückbar sei. Für wirklich hält der Mensch das, womit er täglich umgeht, worum er sich Sorgen macht, was auf ihn wirkt und auf was er zu wirken vermag. Diese Verzerrung der menschlichen Wertempfindungen ist letzten Endes schuld an der keineswegs nur ideellen, sondern durchaus körperlichen Gefahr, in die sich die Menschheit gestürzt hat. Der menschliche Geist und seine intellektuellen Produkte sind nicht nur zum „Widersacher der Seele“ geworden, wie schon Ludwig Klages wußte, sondern sie bedrohen unmittelbar auch die körperliche Weiterexistenz von Homo sapiens als Spezies.
Wir stehen also vor der merkwürdigen Tatsache, daß eine Um-Erziehung der menschlichen Wertempfindungen, also eine geistige, ja religiöse Erziehung nötig ist, um die körperliche Existenz des Menschen vor dem Untergang zu retten. Die Doktrin, die Geldgewinn und wirtschaftlichen Erfolg als den einzigen Sinn des menschlichen Daseins betrachtet, hat sich bei vielen Jugendlichen so festgefressen, daß diese, wenn sie die völlige Inhaltslosigkeit dieser Werte erkennen, überhaupt keinen Sinn im Universum mehr erblicken: der große Wiener Psychiater Viktor Frankl spricht von einer Sinnentleerung der Welt.
Es ist nur sehr schwer möglich, den im heutigen Zeitgeiste befangenen Menschen klarzumachen, daß wirtschaftlicher Erfolg und Geld keinen Eigenwert besitzen, sie glauben immer noch, daß man, wenn man nur genug Geld besitze, sich reine Luft und trinkbares Wasser kaufen werde können. Den vielen Jugendlichen aber, die diesen Irrtum durchschaut haben, beizubringen, daß die Welt andere Werte enthält, ja daß sie überhaupt einen Sinn hat, ist gar nicht leicht.
Ein Mensch, der an der Schöpfung und ihrer Schönheit Freude empfindet, ist gegen jeden Zweifel an ihrem Sinn gefeit. Dem Naturverständigen erscheint die Frage nach dem Sinn der organischen Schöpfung ebenso unbegreiflich wie einem musikalischen Menschen die Frage nach dem Sinn einer Symphonie von Beethoven. Wenn ein Mensch eine solche Frage überhaupt stellt, kann man schließen, daß der Unglückliche offenbar nie Gelegenheit gehabt hat, von den großen Harmonien dieser Welt so viel in sich aufzunehmen, wie nötig ist, um sie

seiner Wahrnehmung zugänglich zu machen. Von den Schönheiten des Kosmos zu sprechen, ist ein Pleonasmus, da die Schönheit im Wortsinn von „Kosmos“ mit eingeschlossen ist. Vertrautheit mit dem Schönen in der Natur beugt nicht nur der Sinnentleerung des Weltalls vor, sondern auch dem heute so weit verbreiteten „szientistischen“ Irrtum, daß nur dasjenige Anspruch auf Realität erheben könne, was in den Ausdrücken der sogenannten exakten Naturwissenschaften definierbar und durch quantifizierende, mathematische Methoden beweisbar sei.

Vertrautheit mit natürlicher Schönheit zu schaffen, erscheint somit als die vordringlichste Erziehungsaufgabe auf dieser Welt. Es ist schwer, die zu bekehrenden Menschen zum Wandern in freier Natur und zum Studium der herrlichen Pflanzen- und Tierwelt zu veranlassen, leichter dagegen, ihnen diese edlen Genüsse ins Haus zu liefern. Das vorliegende Buch ist ein aussichtsreicher Versuch, eben dies zu tun. Ich wünsche ihm aus vollem Herzen den größtmöglichen Erfolg.

Heinz Löffler

Urlandschaften Österreichs – Bewahrte Paradiese

Was sind Urlandschaften, und wo konnten sie sich in Österreich erhalten? „Die Ahornen, die Buchen, die Fichten und andere, die auf der Waldwiese standen, hatten so zahlreiche Nachkommenschaft und überwuchsen die ganze Stelle, so daß wieder die tiefe, jungfräuliche Wildnis entstand wie sonst, und wie sie noch heute ist." (Adalbert Stifter, Der Hochwald.)

Streng genommen, sind Urlandschaften Gebiete, die ohne jegliches menschliches Zutun auf uns gekommen sind. Die Fels- und Gletscherwelt der Alpen, ihre Krummholzzone, Hochmoore und entlegene Bergseen gehören dazu. Aber schon in den zuletzt genannten Gebirgsseen sind oft Veränderungen durch den Besatz mit Fischen (zumeist Seesaibling) eingetreten; vielfach geschah dies bereits vor mehreren Jahrhunderten, besonders zur Zeit Maximilians I. Über den einzigen Urwald Österreichs im Dürrnsteingebiet wird hier ausführlich berichtet: Auch hier sind aber durch die vom Menschen geförderte Wilddichte bereits unübersehbare Veränderungen eingetreten.

Wir können aber – im Sinne des Stifterschen Satzes – den Rahmen durchaus erweitern: Vieles, was gegenwärtig wie eine Urlandschaft auf uns wirkt, ist bereits im Altertum und Mittelalter vom Menschen entscheidend geprägt und in eine bestimmte Entwicklung gelenkt worden. Die Steppenlandschaft östlich des Neusiedler Sees ist erst durch Rodung eines Flaumeichen-Hainbuchen-Waldes vor Jahrtausenden (schon vor der Kelteninvasion?) und durch jahrhundertelang betriebene Weidewirtschaft entstanden; die zahlreichen Fischteiche des Waldviertels, vom Laien oft für natürliche Gewässer gehalten, entstanden zum Großteil bereits im Mittelalter. Der Schilfdschungel des Neusiedler Sees ist kaum 120 Jahre alt und mag vielleicht mit der Trockenlegung des südöstlich an den See anschließenden Niedermoores Hanság in Zusammenhang stehen. Und auch die Reste heimischer Aulandschaft mögen dort, wo die Flüsse noch ihre Überschwemmungsgewalt ausüben können, mit ihrer tropenhaften Vielfalt das Angesicht einer Urlandschaft tragen, obschon sie oft jungen Alters sind.

Das weitgehend harmonische Miteinander von Mensch und Natur bis herauf in unser Jahrhundert ermöglichte die Entstehung und den Bestand solch urtümlicher Landschaft, deren Ursprung sich nur zu oft genauer Datierung entzieht . . .

Und doch setzte schon im letzten Jahrhundert die stürmisch zunehmende „Bändigung" vieler damals noch bestehender Urlandschaften ein, vorangetrieben von rasch wachsenden Bevölkerungsziffern, beflügelt von technischen Errungenschaften, bewundert von den Menschen, die den Auftrag verspürten, „sich die Erde untertan zu machen". Wie heißt es im „Faust"?

Ein Sumpf zieht am Gebirge hin,
Verpestet alles schon Errungne;
Den faulen Pfuhl auch abzuziehn,
Das Letzte wär das Höchsterrungne.

Moore und andere Feuchträume verschwanden bis auf winzige Reste, Flüsse erhielten ihr Panzerhemd aus Steinen, später aus Beton, der Triumph über die Natur wurde zum Idol. Nun sind es aber – nach Musil – gerade die Vorstellungen der Intelligenz, die sich mit den Zeiten ändern und unglaubwürdig werden; und sosehr wir unsere tätigen Vorfahren bewundern müssen, die Zwänge unserer Zeit mahnen zur Umkehr, soll nicht unsere Umwelt nie wiedergutzumachender Vernichtung preisgegeben werden.

In den folgenden Beiträgen werden Urlandschaften Österreichs beschrieben. Wir sollten nicht vergessen, daß sie kostbare, weil bereits überaus seltene Teile unseres Landes sind.

Wolfgang Retter

Nationalpark Hohe Tauern

Vor mehr als einem Jahrhundert entstand in den Vereinigten Staaten von Amerika die Idee, besonders eindrucksvolle und kennzeichnende Teile eines Landes in ihrer Ursprünglichkeit für künftige Generationen zu erhalten. 1872 schuf man dort durch Kongreßbeschluß als erstes den Yellowstone-Nationalpark. In Europa begann Schweden 1909 mit der Einrichtung von fünf Nationalparks. Auch in Österreich setzten um jene Zeit entsprechende Bestrebungen ein. Obwohl aber verschiedene Vereinigungen für diesen Zweck Grundbesitz in den Hohen Tauern erworben hatten, brachte erst das Europäische Naturschutzjahr 1970 den politischen Anstoß. Am 21. Oktober 1971 unterzeichneten die Landeshauptleute von Kärnten, Salzburg und Tirol eine Vereinbarung dieser drei Bundesländer über die Schaffung des Nationalparkes Hohe Tauern – geleitet von dem Wunsche, „die Hohen Tauern als einen besonders eindrucksvollen und formenreichen Teil der österreichischen Alpen in ihrer Schönheit und Ursprünglichkeit als Beispiel einer für Österreich repräsentativen Landschaft und zum Wohle der Bevölkerung, zum Nutzen der Wissenschaft und zur Förderung der Wirtschaft für alle Zukunft zu erhalten“ (Präambel der Vereinbarung).

Verschiedene wirtschaftliche Ansprüche an den Raum der Hohen Tauern verhinderten aber eine rasche Verwirklichung. Im uralten Siedlungsraum der Hohen Tauern werden von alters her rund zwei Drittel der Grundfläche als bäuerlicher Besitz genützt. Beabsichtigte Großerschließungen für den Massentourismus und vor allem die Vorstellungen der Elektrizitätswirtschaft vertrugen sich nicht mit den Nationalparkkriterien. In Kärnten sind inzwischen beträchtliche Teile des ursprünglich vorgesehenen Gebietes durch elektrizitätswirtschaftliche Eingriffe nicht mehr nationalparkwürdig. Ein Großprojekt im oberen Pinzgau kam durch Beschlüsse der Salzburger Landesregierung zu Fall; die Auseinandersetzungen um die Vereinbarkeit eines Nationalparkes und eines Großkraftwerkes in Osttirol hat die Verwirklichung des Parkes hier bislang verhindert.

Die Kriterien eines Nationalparkes wurden von der Internationalen Union zur Erhaltung der Natur und der natürlichen Hilfsquellen – IUCN – festgelegt. Ein Nationalpark ist ein verhältnismäßig großes Gebiet, in dem ein oder mehrere Ökosysteme durch menschliche Inanspruchnahme nicht verändert werden. Er ist ein Gebiet, das Pflanzen- und Tierarten, geomorphologische Plätze und Standorte von speziellem Interesse und Naturlandschaften von besonderer Schönheit beherbergt. Er kann aber auch bestimmte Kulturlandschaften enthalten, die „durch traditionelle Bauern- und Hirtenarbeit“ geschaffen worden sind, sowie Gebiete von geschichtlicher Bedeutung. Ein Nationalpark muß für Besucher unter bestimmten Bedingungen zur „Anregung, Erziehung, Bildung und Erbauung“ offenstehen und von der höchsten zuständigen Behörde gesetzlich Schutz erhalten; auch entsprechende finanzielle Mittel sowie Betreuungspersonal haben vorhanden zu sein.

Im Nationalpark Hohe Tauern ist eine Zonierung für die verschiedenen Schutzbereiche erfolgt. In den Kernzonen wird die Natur vor jedem technischen Eingriff gesichert. In den Außenzonen soll vor allem die bäuerliche Kulturlandschaft der Hohen Tauern mit ihren Almen und Bergwiesen als reizvoller Gegensatz zur Urlandschaft des Hochgebirges erhalten werden.

Kärnten hat als erstes der drei beteiligten Bundesländer einen Teil seines dafür vorgesehenen Gebietes zum Nationalpark erklärt – 1981 durch Verordnung, 1983 durch Gesetz. Ebenfalls 1983 beschloß der Salzburger Landtag das Salzburger Nationalparkgesetz. In Tirol ist es zur Zeit noch fraglich, ob die Beteiligung am Nationalpark überhaupt zustande kommt: Sie könnte an den Ansprüchen der Elektrizitätswirtschaft scheitern, die sämtliche Gletscherbäche des für den Nationalpark vorgesehenen Bereiches in Osttirol beansprucht. Nach dem Wunsch einer breiten Öffentlichkeit soll wenigstens das Umbaltal mit den prächtigen Stufenfällen der oberen Isel unbeeinträchtigt erhalten bleiben. Könnte nicht einmal dieses eine charakteristische Ökosystem Gletscher und Gletscherbach bewahrt werden, entspräche der Anteil Tirols nicht mehr den internationalen Nationalparkkriterien.

Die Umbalfälle: Urlandschaft mit Schaupfad

Schon vor mehr als hundert Jahren berichtete ein Reiseführer vom Umbaltal: „Dasselbe wird an Schönheit der Felsscenen, Gebirgsbilder und Wasserstürze von keinem anderen Tauernthale übertroffen“. Die Isel, hier Umbalbach genannt, entspringt am Fuße der Rötspitze unter dem Eis des Umbalkeeses (Kees = Gletscher). Eis war es auch, das diese Gebirgstäler in ihrer Weite ausschürfte und einst hier an der Begegnungsstelle von Isel- und Tauerngletscher in mächtiger Stauwirkung das Talbecken schuf. Nach dem Rückzug der Gletscher blieb das fließende Wasser wichtigstes landschaftsgestaltendes Element.

Seine Wirkung – ob fließend oder als Gletschereis – zeigt sich besonders eindrucksvoll im Umbaltal, dem Quelltal der Isel: Flach- und Steilstrecken, Talstufen und -weitungen, Flußmühlen und Kolke wechseln hier miteinander. Wie wohl in keinem anderen Tauerntal kann man an den brausenden Stufenfällen der Isel die Wucht eines Gletscherflusses erleben. Im Umbaltal ist denn auch der „Wasserschaupfad Umbalfälle“ als erste derartige Einrichtung der Alpen entstanden: ein Rundwanderweg von einer guten Stunde, eröffnet im August 1976 unter der Patronanz des Europarates. Er führt von den Unteren hinauf zu den Oberen Iselfällen, wobei man

noch das Erlebnis der Kleinbach- und der Großbachfälle sowie des Schleierfalls als Zugabe erhält.
Diesem Schaupfad fahren wir nun von Matrei aus entgegen. Von den Bergriesen des Alpenhauptkammes nach Norden abgeschirmt, zieht sich das Virgental gegen Westen. Gleich zu Beginn steigt die Straße ein Stück über die Talsohle hinauf. Uralter Siedlungsboden ist hier, wie die frühgeschichtlichen Funde um Matrei, die römische Gräberschicht bei der Obermaurer Kirche und Gräberfunde aus der Hallstattzeit in Berg ober Welzelach zeigen, wo sich das Tal schier ausweglos zu verengen scheint.
Vier kurze Straßentunnels durchstoßen die Felsen, und dann wird der Blick frei auf die neuerliche Talweitung von Prägraten. Kaum ein ebener Fleck findet sich hier, und doch ist jeder Meter Boden sorgfältig kultiviert und gepflegt. Hinterbichl ist dann die letzte Siedlung; direkt oberhalb der Straßenbrücke brodeln die Wasser, die der Dorferbach von der Südseite des Großvenedigers bringt – zusammen mit einer uralten Mühle ein Standard-Fotomotiv der Urlauber. Die Straße führt uns noch weiter zum neu angelegten großen Parkplatz hinter dem Gehöft Streden am Eingang ins Maurertal, auf das die eisbehängten Maurerkeesköpfe niederblicken.
Auf einem breiten Wanderweg kommt man westwärts durch ein kleines Wiesenbecken direkt ins Umbaltal, wie das Quelltal der Isel von hier aufwärts heißt. Durch die schattige Schlucht begleitet uns schon das Brausen der Isel, die sich im tiefliegenden Bett durch große Blöcke arbeitet, bald aber sanfter dem ebenfalls flacher werdenden Weg entgegenläuft. Nach etwa zwanzig Minuten weiten sich die Felsflanken zum kleinen, durch die zweihundert Meter hohen Kleinbachfälle geschmückten Talbecken der Pebellalm – dem Ausgangspunkt des Wasserschaupfades Umbalfälle.
Wenn wir den gedruckten Wanderführer nicht schon vom Verkehrsbüro in Prägraten mitgebracht haben, erhalten wir ihn auch hier. Er gibt uns an den einzelnen Punkten des Schaupfades Aufschluß über vielerlei Wissenswertes: über das Wasser selbst, über Talbildung und Talformen, Geschwindigkeit der Erosion, Lawinen, Gletschermilch, Eiszeitgletscher und das Leben im und am Gletscherbach.
Nach kurzer Steigung und neuem Blick auf die Isel stürzt zur Linken der Großbach in sprühendem Fall über schwarze Felsen. Vor der Holzbrücke besteht Gelegenheit, Steine aus dem dahinschießenden Wasser auf Lebewesen zu untersuchen. Da klammern sich schwarze Zuckmückenlarven mit hakenbewehrten Stummelfüßen, die Larven von Lidmücken mit Saugnäpfen auch in stärkster Strömung an der Oberfläche fest, um die Algen abzuweiden. In Höhlungen und Ritzen unter Steinen finden sich die flachen Larven von Eintagsfliegen und auch der fleischfressende Alpenplattwurm. Stein- und Köcherfliegenlarven gehören ebenfalls zu dieser Lebensgemeinschaft eines Bergbaches. Auch in der Isel können wir an Flachstellen nach Lebewesen suchen, doch ist die Arten- und Individuenzahl dort viel geringer: Die Isel führt viel Gesteinsstaub, Sand, Kies und Geröll mit sich und ist deshalb als Lebensraum viel unwirtlicher.
Den nun folgenden Steilabschnitt entlang der Unteren Iselfälle beschreibt der erwähnte

Reiseführer aus dem Jahre 1882 so: „Zur Rechten donnert die Isel herab. Ihre Ufer gleichen natürlichen Steindämmen, vom Wasser selbst aufgeworfen. Malerisch gelagerte Felsen stemmen sich ihrem Sturze entgegen, und riesige Felsfragmente starren schwärzlich aus dem weißschäumenden Elemente hervor. Gestürzte Baumstämme haben sich quer darübergelegt. Die Isel entfaltet hier einen Reichtum an Wasserscenen originellster Art, wie kaum die reichste Phantasie sich vorzustellen vermag. Bald ist es ein schöner Sturz zwischen Felsen, auf denen herrliche Fichtengruppen stehen, bald rauscht der Bach wieder hoch aufzischend und sprühend in reicher Wasserfülle unter natürlichen Felsbrücken halb unsichtbar oder in dunkler Enge wallend dahin, bald wirft er sich in breiter funkelnder Masse über das Felsenchaos, oder in silbernen Strähnen und Armen zwischen Klippen hindurch . . ."

Das Umbaltal liegt hier im Bereich der oberen Schieferhülle der Tauern. Südlich des Tales sind Kalkglimmerschiefer und Phyllite verbreitet, im Tal und nördlich davon besonders Grünschiefer und Amphibolite. Die Schieferungsflächen sind steil aufgerichtet und streichen in der Fließrichtung des Gewässers; dadurch kann sich die Isel rasch eintiefen. Das zu Zeiten starker Wasserführung mitgeschleppte grobe Geröll drechselt Strudeltöpfe und Kolke in das anstehende Gestein. An anderen Stellen wird es poliert und wellig gestaltet. Ein bis zwei Millimeter pro Jahr – zehn Meter also in zehntausend Jahren – kann sich ein solches Gewässer in den festen Felsen eingraben. Einige Meter über dem heutigen Bachbett liegen noch gut erhaltene Kolke.

Nahezu trichterförmig weitet sich das nächste Flachstück, dessen Sonnenseite wir über die Blinigbrücke betreten, den Steig zur Clarahütte verlassend. Im Hintergrund schäumen die weißen Kaskaden der Oberen Iselfälle.

Auch das Vegetationsbild ändert sich wieder. Schon bei der Anfahrt durch das Virgental ist uns vielleicht entlang der Straße zwischen Obermauern und den Stegach-Tunneln der Sadebaum aufgefallen, der als altertümliche Gebirgssteppenpflanze auf der gesamten Sonnenseite des Virgentales verbreitet ist, ein Hinweis auf das mediterran beeinflußte Klima mit vergleichsweise geringen Niederschlägen.

Bald hinter Streden begann ein lockerer Blockfichtenwald, durchsetzt mit Lärchen und Grünerlen. Entlang der Unteren Iselfälle ist ein typischer Bergschluchtwald ausgebildet; neben Fichte und Lärche säumen feuchtigkeitsliebende Laubbäume wie Weiden, Traubenkirsche und Eberesche die Steilufer der Wasserfälle. Johannisbeere, Christophskraut, Eisenhut, Greiskraut, Alpendost und Meisterwurz sind gleichfalls kennzeichnend. Hier auf der Blinigalm betreten wir eine wunderbar bunte Almwiese. Auffallend sind Perücken-Flockenblumen, Brauner Storchschnabel, Echter Speik, Lichtnelke und Teufelskralle; besonders charakteristisch aber ist die Wollköpfige Kratzdistel, mit ihren herrlichen großen Blütenkörben eine der schönsten Disteln; schon auf der Pebellalm war diese in den inneralpinen Trockentälern (Vintschgau, Oberinntal) häufig anzutreffende Art zu sehen, die aber auch auf Trokkenwiesen des Jura, im Maintal und im nördlichen Harzvorland vorkommt. Die

intensive Düngung durch das Weidevieh hat vielerorts eine typische Lagerflur mit Alpen-Ampfer, Gutem Heinrich, Brennessel, Einjährigem Rispengras und Rasen-Schmiele entstehen lassen.
Auf der anderen Talseite werden wir bald von Grünerlengebüschen und Hochstaudenfluren zum höchsten Punkt des Wasserschaupfades begleitet; hier sind neben anderem Grauer Alpendost, Meisterwurz, Wald-Storchschnabel, Gelber Eisenhut, Alpen-Milchlattich und Weißer Germer zu sehen. Besonders hübsch sind im Sommer der Seidelbast und später dann die vielen Türkenbundlilien, die noch weit hinein ins Umbaltal vorkommen. Das Umbaltal gehört mit den Lienzer Dolomiten und den Karnischen Alpen floristisch zu den mit großem Abstand reichsten Gebieten Osttirols. Begünstigt durch die geologischen Verhältnisse, wachsen hier kalkliebende Arten und Silikatpflanzen auf engem Raum nebeneinander. Dem häufigen Wechsel zwischen den Charakterarten der Blaugrashalden und Borstgrasrasen verdanken wir die Blütenpracht am Weg zur Clarahütte.
Zunächst aber überqueren wir auf einem Steg neuerlich die Isel. Von einer Rastbank aus können wir ihr vorbeifließendes Wasser mit dem kristallklaren Zoppatbach vergleichen, der hier mündet, nachdem er über den Schleierfall zu Tal gestürzt ist. Das gelblichweiß getrübte Wasser der Isel bezeichnet man als „Gletschermilch". Die Trübung kommt durch Mineralteilchen zustande, die von der Gletscherarbeit herrühren und so fein sind, daß sie auch in ruhigen Fließstrekken nicht absinken. Der Gehalt an mitgeführten Schwebstoffen schwankt allerdings stark mit der Abflußmenge. Die Isel führt als Gletscherbach nicht nur je nach Jahreszeit unterschiedlich viel Wasser, sondern es gibt auch eine Schwankung zwischen Tag und Nacht. Im Sommer nimmt die Wassermenge mit steigender Tagestemperatur und Sonneneinstrahlung rasch zu. Der höchste Wasserstand verzögert sich aber wegen der Ausdehnung des Umbalkeeses auf den Nachmittag; die tägliche Schwankung erreicht im August durchschnittlich 50 Prozent der mittleren Wasserführung.
Die letzte stärkere Steigung führt durch die vorher erwähnten Hochstaudenfluren und bietet noch schöne Ausblicke auf die Oberen Iselfälle. Bald ist mit 1710 Metern der höchste Punkt des Wasserschaupfades erreicht. Unter uns der Kessel der Blinigalm, dahinter eingekerbt die Furche, in der die Unteren Iselfälle zur Weitung der Pebellalm hinunterstürzen; weit draußen die Bergwiesen des Virgentales.
In diesem unteren Bereich des Umbaltales sind die Gletscherformen wenig ausgeprägt. Das Tal war zwar während der Eiszeiten mehrmals von Gletschern durchflossen, zeigt aber doch den Charakter eines vom Wasser eingekerbten Tales. Dies haben einerseits die geologischen Verhältnisse begünstigt: Die Gesteinsschichten streichen in Talrichtung. Außerdem wurde der einstige Umbalgletscher von den rascher fließenden Eisströmen des Maurer- und Dorfertales zurückgestaut; er floß mit verringerter Geschwindigkeit und hatte am Talausgang eine geringere abtragende Leistung. Andererseits kann aber das Zusammenfließen von Gletscherzungen örtlich dann auch zu stärkerer Abtragung führen; dies war die Ursache für die Bildung der

charakteristischen Talweitungen und Stufen. Deutlich ist von hier auch zu sehen, daß die viele hundert Meter hohen Talflanken schattenseitig nur schütter, sonnenseitig fast überhaupt nicht bewaldet sind. Schon im Mittelalter wurde hier gerodet. Damals waren die Getreideabgaben so drückend, daß fast die gesamte Talfläche des Virgentales bewirtschaftet und ein großer Teil – in Prägraten mehr als zwei Drittel! – des benötigten Heus auf Bergwiesen gewonnen und im Winter zu Tal gebracht werden mußte. Diese mitunter bis fast 2500 Meter hinaufreichenden Bergwiesen sind es, die den Osttiroler Tälern ihr Gepräge geben. Heute ist die so mühevolle und gefährliche Bergmahd weitgehend eingestellt; damit geht auch der Bestand mancher Blütenpflanzen deutlich zurück, so zum Beispiel des Schwarzen Kohlröschens. Noch vor zwanzig Jahren dagegen, so erinnern sich ältere Bewohner, wurden allwinterlich allein aus dem Umbaltal an die tausend Fuder Heu nach Prägraten gezogen!

Die Steilflanken sind gewaltige Lawinenbahnen. So ist auch das innere Umbaltal im Winter völlig unzugänglich. Noch Ende Juni, wenn die ersten Besucher kommen, ist der Talboden der Blinigalm oft haushoch mit gepreßtem Lawinenschnee bedeckt, der Erde und Steine aus der Höhe mitgerissen hat und unter dem sich schäumend das Schmelzwasser der Isel durchfrißt.

Genau gegenüber an der anderen Talseite können wir mit einem Feldstecher eine ornithologische Rarität beobachten: einen Felsenbrutplatz der Mehlschwalbe, erst vor wenigen Jahren entdeckt, bisher einer der drei in Österreich bekannten (vielleicht hat man hier bisher auch noch zu wenig auf solche Brutplätze geachtet). Die Vögel nisten hier unter den Vorsprüngen einiger Felsabstürze in rund 1700 Meter Höhe.

Auch sonst kann der Vogelfreund im Umbaltal einiges sehen: am Wasser natürlich Gebirgsstelze und Wasseramsel, an den sonnigen Felsbändern den Mauerläufer, an den Hangkanten in der Höhe die Alpendohlen, hin und wieder auch Kolkraben und Alpensegler. Die Adler – vor wenigen Jahren wurde ein Jungvogel in einem Horst am Großbach beringt – jagen allerdings meist in den weiten Hochkaren nach Murmeltieren.

Wenn wir den Wasserschaupfad zu Ende gehen wollen, steigen wir jetzt ab und erreichen bei der Blinigbrücke wieder den Aufstiegsweg. Vielleicht aber bleibt uns noch Zeit, eine gute Stunde über die blühenden Bergwiesen weiterzuwandern zur Clarahütte, über der die königliche Rötspitze steht, vielleicht gar noch weiter bis zum Umbalkees, an dessen Gletschertor die Isel entspringt und über das der Anstieg zur Dreiherrenspitze führt.

Auch für den Mineraliensucher gibt es verschiedene Möglichkeiten: Calcit, Adular, grüner Sphen, Apatit, Epidot, Byssolith und Zoisit wurden im Umbaltal gefunden, andere Schätze in anderen Tälern. Vielleicht lockt den Besucher gar ein alpinistisches Unternehmen, haben doch die kürzesten Zugänge auf die Hauptgipfel der Venedigergruppe hier im Süden ihren Ausgangspunkt.

Daß auch künftig noch die Isel im Nationalpark Hohe Tauern durch das Umbaltal brausen kann, als unentbehrlicher Teil dieser vom Wasser geformten Landschaft, dazu möge der Wasserschaupfad Umbalfälle einen Beitrag leisten.

Eines der großen Hoffnungsgebiete aller Naturliebhaber heißt Hohe Tauern. „Es gilt", proklamiert die Präambel zur Nationalparkvereinbarung der beteiligten Bundesländer Kärnten, Salzburg und Tirol, „die Hohen Tauern als einen besonders eindrucksvollen Teil der österreichischen Alpen in ihrer Schönheit und Ursprünglichkeit als Beispiel einer für Österreich repräsentativen Landschaft und zum Wohl der Bevölkerung, zum Nutzen der Wissenschaft und zur Förderung der Wirtschaft für alle Zeiten zu erhalten." Vorläufig ist diese Absichtserklärung nur zu Teilen erfüllt. Schon wenige Bilder spiegeln die ganze Pracht der Region wider:
Seite 17: Die Klammerköpfe. Gößnitztal, Schobergruppe. – Seite 18, links: Im Wiegenwald. Stubachtal, Grantspitzgruppe; rechts: Kleiner Wasserfall. Habachtal, Venedigergruppe. – Seite 19: Der Friedrichs- und der Georgskopf, Schobergruppe. – Seite 20, oben: Viltragental und Kleinvenediger; links: Am Vorderen Langtalsee. Gößnitztal, Schobergruppe; rechts: Das Vordermoos im Hollersbachtal, Venedigergruppe. – Seite 21: Umbalkees, das Gletschertor. Ursprung der Isel.

Seite 22 oben: Quer durch die Felsregion findet die Isel ihren Weg. Seitenbäche stoßen dazu, vom Rötkees her (unten), oder der Dababach (Seite 23). Über Katarakte und Stufen stürzt die Isel in die bewaldete Zone. Ein feiner Sprühregen bewässert rings Buschwerk und Bäume.

Das Tal der oberen Isel mit seinen rauschenden Flußmühlen und brodelnden Kolken und mit seiner reichen Flora gehört zu den schönsten Gebieten des geplanten Nationalparks. Neben anderen Blumen der Gebirgsregion gedeiht hier auch der Türkenbund. Auch bei strahlendblauem Himmel überspannt dort und da ein Regenbogen die tosende Schlucht.

Urlandschaft Moor

Österreichs Pflanzenphysiologen und -soziologen bezeichnen die Moore als Archive des Lebens. Durch Jahrhunderte konservierte Moorleichen sind als aufsehenerregende Funde immer wieder Thema der Presseberichte. Die Tatsache, daß der Moorgrund auch Rückstände von Pflanzen und Tieren nahezu endlos aufbewahrt, ist uns kaum bewußt. Aus Samen, Sporen und anderen Relikten läßt sich die Entwicklung der Flora verfolgen und verschwundenes Leben rekonstruieren. Den Mooren als Naturrefugien für seltene und ebenso typische Lebewesen kommt gegenwärtig größte Bedeutung zu. Nahezu in letzter Minute wird den Forschern das eine oder andere Restgebiet überlassen, während große Komplexe industriell abgebaut oder für andere Zwecke trockengelegt werden.
Halbwegs zwischen Salzburg und Braunau, beiderseits der Landesgrenze gelegen, erstreckt sich Österreichs größter Moorbereich, das Ibmer und das Waidmoor und das Bürmoos. Der Großteil der rund 2000 Hektar umfassenden Fläche ist bereits zerstört. In den erhaltenen Niedermooren bilden, je nach Standort, Riede von Kopfbinsen und verschiedenen Seggenarten mosaikförmig ihre Strukturen aus. Stellenweise erscheint das Alpenwollgras mit seinen leuchtendweißen Fruchtständen. Dunkel steht das Wasser zwischen den Hochmoorbulten.

In den späten Herbsttagen verwandelt der Reif die Moore in eine geisterhaft knisternde Feenlandschaft. Die kleinen stehenden Wasserflächen setzen Eis an. Auf den Seen tauchen verschiedene Wasservögel als Wintergäste auf.

Robert Krisai

Moore im Alpenvorland

„O, schaurig ist's, übers Moor zu gehn,
Wenn es wimmelt vom Heiderauche,
Sich wie Phantome die Dünste drehn
Und die Ranke häkelt am Strauche ...“

An dieses berühmte Gedicht Annette von Droste-Hülshoffs denkt vielleicht mancher, wenn von Mooren die Rede ist; ein anderer erinnert sich an Moorbäder oder an Sonnentau. Nur wenige Menschen in Österreich haben Moore bewußt erlebt. Und doch hat sich in den letzten Jahren die Einstellung der Menschen zum Moor gewandelt; Angst und Schauder sind gewichen und haben einem Erleben Platz gemacht – einem Erleben dessen, was Moore sind – letzte Reste der Urlandschaft auf unserem geschundenen Kontinent.

In Österreich spielen Moore im Bewußtsein der Bevölkerung nicht die dominierende Rolle wie etwa in Norddeutschland oder Skandinavien, zu sehr stehen sie im Schatten des gewaltigen Hochgebirges oder der lieblichen Landschaften an der Donau. Trotzdem sind sie so selten auch wieder nicht, und in manchen Gegenden tragen sie sehr wohl zur Vielfalt und damit zu einem ansprechenden Landschaftsbild bei. Das betrifft das nördliche Waldviertel, das Klagenfurter Becken, den Lungau, Teile der Nordalpen und vor allem den westlichsten Teil des österreichischen Alpenvorlandes, zum Teil in Salzburg, zum Teil in Oberösterreich gelegen. Damit wollen wir uns in diesem Beitrag in erster Linie beschäftigen.

Die Umgebung der Stadt Salzburg

Wenn ein Großstädter in Österreich Moore hautnah erleben kann, so ist das am ehesten beim Salzburger der Fall, denn ein nicht geringer Teil der Stadt steht auf Moorgrund. Eines dieser Moore, das Schallmoos, hat einem ganzen Stadtteil seinen Namen gegeben, und ein weiteres, das Leopoldskroner Moor (mit ca. 700 ha eines der größten Österreichs) erstreckt sich vom Rand der Innenstadt bis zu den südlichen Stadtgrenzen. Freilich ist davon nichts mehr im Naturzustand erhalten, wurde doch das Schallmoos schon unter Erzbischof Paris Lodron 1632–1644 kultiviert und im Leopoldskroner Moor seit 1598 eifrig entwässert, wobei die Anlage der Moosstraße in den Jahren 1805–1807 einen Höhepunkt bedeutete. Weite Flächen sind heute ausgetorft, und der Grundwasserspiegel ist unter die Moorbasis gesunken. Trotzdem haben sich ein paar seltene Moorpflanzen bis heute halten können, wobei allerdings von Jahr zu Jahr fraglich ist, ob die Vorkommen noch existieren. Dort und da sind Sekundär-Moorwäldchen aus Moorbirke, Faulbaum und anderen entstanden, die das Landschaftsbild beleben. Von allen Seiten drängt die wachsende Stadt ins Moor hinein, und es wird weiterhin großer Anstrengungen bedürfen, die Restflächen, wenn schon nicht als Moor, so doch als Grün für die Stadt zu sichern.

Noch immer vergleichsweise nahe, wenn auch außerhalb der Gemeindegrenzen, liegen die ersten naturnah erhaltenen Moore: das Ursprungmoor in Elixhausen, die Moore am Wallersee und an den Trumer Seen und noch einige kleinere. Davon ist das Ursprung-Moor ein typisches Wasserscheiden-Hochmoor (zwischen Mattig und Ehrenbach, einem Zufluß der Fischach), von dem eine Zentralfläche naturnah erhalten ist, die allerdings starke Verheidungstendenzen zeigt.

Hochmoore haben ihren Namen davon, daß ihre Torfe und damit auch ihre Vegetation über den Grundwasserspiegel hochgewachsen sind; sie sind damit in ihrer Wasserversorgung ausschließlich auf die Niederschläge angewiesen. Regenwasser aber ist nährstoffarm (es entspricht – oder entsprach bis vor kurzem – fast destilliertem Wasser); Hochmoorpflanzen müssen daher genügsam sein und sich mit wenigem zufriedengeben. Dementsprechend ist ihre Zahl nicht groß; vor allem sind es die Torfmoose, die durch ihren geschlossenen, schwellenden Teppich wachsenden Hochmooren das Gepräge geben. In den Torfmoosen wurzeln einige Heidekrautgewächse, vor allem Moosbeere (Vaccinium oxycoccos) und Rauschbeere (Vaccinium uliginosum), aber auch das Heidekraut selbst (Calluna vulgaris) kommt, wenn auch in geringer Menge, in intakten Hochmooren vor. Wichtigste Pflanze der Alpenvorlands-Hochmoore ist aber wohl die Latsche (Pinus mugo agg.), die mit ihrem in tiefer Lage so unerwarteten Auftauchen (man ist gewohnt, sie im Gebirge anzutreffen) den Alpenvorland-Hochmooren ihr eigenes typisches Aussehen verleiht. Damit ist aber die Pflanzenliste auch schon fast erschöpft; zu nennen wäre allenfalls noch der Rundblättrige Sonnentau (Drosera rotundifolia) und das Scheidige Wollgras (Eriophorum vaginatum), dessen basale Faserschöpfe wesentlichen Anteil am Torf dieser Moore haben. Seine pinselartigen, durch die langen Wollhaare weißen Fruchtstände beleben im Juni das Braun des Moores mit weißen Farbtupfen. Neben der Moosbeere findet sich gelegentlich noch die Rosmarinheide (Andromeda polifolia), deren hängende, wie winzige Lampions aussehende Blüten schon zeitlich im April erscheinen können.

An Pflanzenreichtum und Blütenpracht kann sich das Hochmoor aber nicht mit dem Niedermoor messen, wie es an den Seeufern dort und da erhalten ist. Niedermoore bilden sich im Grundwasserbereich, sie sind daher wesentlich besser mit Pflanzennährstoffen versorgt und dementsprechend artenreicher. Allerdings hat dies auch den Menschen früh dazu geführt, Niedermoore zu kultivieren, und was an Niedermooren erhalten ist, ist meist das Produkt der extensiven Streunutzung, das heißt, die Flächen werden nicht gedüngt und nur seicht entwässert sowie einmal im Jahr – im Herbst, nach Abschluß der Vegetationsperiode – gemäht. Dadurch hat sich eine eigene Lebensgemeinschaft herausgebildet, in der das Pfeifengras (Molinia coerulea) die größte Rolle spielt; man spricht daher von Pfeifengras-Wiesen.

Am Wallersee treffen wir auf mehrere Moorbildungen, von denen Teile naturnah erhalten sind. Vor allem ist dies das Wenger Moor am Nordufer des Sees, ein Hochmoor, das sich über glazialem Ton entwickelt hat und entstehungsgeschichtlich relativ jung ist. Die Hochmoorfläche wird beiderseits von Bruchwaldstreifen begleitet, die sich entlang der dem See zustrebenden Bäche (Wallerbach und Altbach) entwickelt haben. Die Bäche mit ihren Hochwässern haben offenbar durch lange Zeit die Entwicklung zum Hochmoor zu verhindern gewußt. Torfstich, Bachregulierungen und Seeabsenkung nagen auch heute noch am Wasserhaushalt des Moores, aber in umgekehrter Richtung: Das Moor verheidet. Nahe dem Westende des Sees engen zwei Landzungen die Wasserfläche ein. Beide sind Naturschutzgebiete, aber die südliche, der „Taginger Spitz", weist die interessantere Flora auf, diesmal Niedermoor mit Brauner Schnabelbinse (Rhynchospora fusca), Langblättrigem Sonnentau (Drosera anglica) und verschiedenen Seggen-(Carex-) Arten. Die Gegend wird auch als Vogel-Brutgebiet gerühmt.

Breiter und artenreicher sind die Niedermoorwiesen an den Trumer Seen, besonders am Nordufer des Obertrumer Sees und am Grabensee, diese zum Teil schon in Oberösterreich gelegen.

Auch hier gibt es kleinere Hochmoore, sonst aber dominiert das Niedermoor. Im Mai sind es die Kopfbinsenwiesen, die die Aufmerksamkeit durch ihren Blütenflor auf sich ziehen. Mit dem Schwarz der Kopfbinse (Schoenus ferrugineus) kontrastieren die roten Blüten der Mehlprimel (Primula farinosa) – wegen ihrer unterseits mehlig bereiften Blätter so genannt –, die blauen des Fettkrautes (Pinguicula vulgaris) und die mehrerer Orchideen-Arten (Dactylorhiza maialis, D. incarnata, Spiranthes aestivalis). Seewärts schließt meist ein Streifen Fadenseggenmoor (Caricetum lasiocarpae) und Steifseggenried (Caricetum elatae) an, wobei letzteres den Ufersaum bildet, gelegentlich auch mit Schilfröhricht verzahnt. Beide Einheiten sind durch höherwüchsige Stauden mit Blütezeit im Sommer ausgezeichnet, wie der Färberscharte (Serratula tinctoria), den Gilbweiderich-Arten (Lysimachia vulgaris und thyrsiflora), dem Blut-Weiderich (Lythrum salicaria) und dem Sumpf-Greiskraut (Senecio paludosus). Bei Aufhören der regelmäßigen Mahd verbuschen diese Wiesen stark; Schwarzerle (Alnus glutinosa), Faulbaum (Rhamnus frangula), Grauweide (Salix cinerea) und Moorbirke (Betula pubescens) erobern ihr angestammtes Gebiet zurück. Im Spätsommer schmücken dann die blauen Blüten der Enziane (Gentiana asclepiadea und G. pneumonanthe) diese Flächen und die angrenzenden Pfeifengraswiesen, weshalb man von voralpinen Enzian-Pfeifengraswiesen als dem hier vorherrschenden Streuwiesentyp spricht.

Streuwiesen sind heute in ihrem Bestand durch mehrere Faktoren stark gefährdet: Erstens geht der Bedarf an Streu zurück; es gibt nur mehr wenig Pferde. Zweitens genügt meist schon bloße Düngung, um die Wiesen in mehrmähdige, ertragreichere Feuchtwiesen (Kohldistelwiesen) überzuführen, und drittens werden Seeufer immer mehr bebaut bzw. als Badeplätze genutzt, und die Vegetation wird dadurch vernichtet. Am Nordufer des Obertrumer Sees scheint sie gesichert: Dieser Teil ist Naturschutzgebiet, und es werden sogar Mähprämien bezahlt, um die charakteristische Streuwiesenvegetation zu erhalten.

Das Irrseebecken

Schon in Oberösterreich, aber trotzdem nur eine halbe Autostunde von Salzburg entfernt, hat das Becken des Zeller- oder Irrsees eine Reihe von Moorbildungen aufzuweisen, die hervorragend erhalten sind. Es sind dies zwei prachtvolle Hochmoore (das Wiehlmoos am Mondseeberg und das Langmoos in der Gemeinde St. Lorenz) und herrliche Niedermoorflächen am Nord-, Ost- und Südostufer des Irrsees. Die Nordhälfte des Wiehlmooses ist ein lehrbuchmäßig aufgebautes Latschenhochmoor, wieder an einer Wasserscheide (zwischen der Vöckla im Norden und dem Steinerbach im Süden) gelegen. Der Latschenfilz ist am Rand bis zu 3 m hoch und undurchdringlich; gegen die Mitte zu lockert er sich alsbald auf, und die Latschenbüsche werden niedriger. Im Zentrum ist eine nahezu offene, d. h. latschenfreie Fläche mit einigen Schlenken (kleinen, wassergefüllten Vertiefungen) ausgebildet. Die Torfmoose wachsen hier noch üppig, das Heidekraut tritt zurück, und Pfeifengras, ein sicherer Störungszeiger, fehlt. Die Vegetation sieht damit aller Wahrscheinlichkeit nach hier noch fast genau so aus wie vor tausend Jahren und mehr. Die Südhälfte bildet ein Moorwald, in dem auch einige Spirken (aufrechte Form der Bergkiefer – Pinus mugo arborea) vorkommen. Hier finden sich auch einige sehr seltene Moorpflanzen, darunter die exotisch anmutende, weiß blühende Drachenwurz (Calla palustris).

Auch das Langmoos ist ein relativ gut erhaltenes Latschenhochmoor, das nur am Rand durch kleine, alte Torfstiche angeknabbert ist. Wie auch das Wiehlmoos reicht es in seiner Entstehung mit einem vorausgegangenen Niedermoorstadium bis weit in die Späteiszeit hinein. Interessant sind auch seine Randbereiche, in denen der Sumpfbärlapp (Lycopodiella inundata) reichlich vorkommt. Beide Moore sind, wie auch das Niedermoor am Nordufer des Irrsees, Naturschutzgebiete und damit nach menschlichem Ermessen gesichert.

Wer an Blumen seine Freude hat, wird sich eher von den Niedermoorwiesen am Ufer des Sees, besonders vom Nordmoor, angesprochen fühlen. Hier gibt es schön Blühendes in reicher Zahl: Fieberklee (Menyanthes trifoliata), Mehlprimel (Primula farinosa), Fettkraut (Pinguicula vulgaris), Kreuzblume (Polygala amarella), Knabenkräuter (Dacylorhiza maialis und incarnata), Löwenzahn (Leontodon hispidus), Sumpf-Greiskraut (Senecio paludosus) usw. Dazu kommen die weißen Schöpfe der Wollgräser: das rasenbildende Alpen-Wollgras (Trichophorum alpinum), das Breitblättrige und das Schmalblättrige Wollgras (Eriophorum latifolium und angustifolium) und stellenweise auch das Scheidige Wollgras (Eriophorum vaginatum). Auch Sonnentau-Arten und einige weitere, seltenere Pflanzen kommen hier vor. Der Besucher wird aber herzlichst gebeten, nicht in die Wiesen hineinzulaufen: Die empfindliche Vegetation verträgt keinen Vertritt, und die Vögel lieben keine Störung!

Der Ibmer-Moos-Komplex

Auf halbem Wege zwischen Salzburg und Braunau, beiderseits der Grenze zwischen Salzburg und Oberösterreich, dehnt sich der Ibmer-Waldmoos-Bürmoos-Komplex aus, mit ca. 2000 ha der größte Moorkomplex Österreichs. Der Salzburger Teil (etwa die Hälfte) ist leider – abgesehen von einigen Randstreifen des Bürmooses – vollkommen zerstört, d. h. er wird großflächig industriell abgetorft. Damit geht nicht nur die Vegetation zugrunde, sondern auch der Torf als unersetzliches Archiv der Vegetationsgeschichte wird vernichtet. Der oberösterreichische Teil ist etwas besser erhalten, aber auch hier sind zwei Drittel entweder in Wiesen umgewandelt oder im Handstich-Verfahren abgetorft worden. Immerhin sind aber von den meisten Moortypen hier auf engem Raum noch Teilflächen naturnah erhalten und geben damit dem Gebiet eine Vielfalt und einen Artenreichtum, der in Österreich seinesgleichen sucht.

Das Becken des Moores verdankt seine Entstehung dem Salzachgletscher der Würm-Eiszeit. Der Südteil ist bald nach dem Eisrückzug, noch im frühen Spätglazial, trocken gefallen; der Südbereich ist ein Versumpfungsmoor. Im Nordteil hielt sich noch bis ins Postglazial hinein ein See, der dann bis auf die beiden noch erhaltenen Restseen (Heradinger See und Leitensee) verlandete. Heute ist das Moorwachstum durch Entwässerung gestoppt und auf kleine Restflächen zurückgedrängt.

Über die Vegetation des Moores einen kurzen Überblick zu geben ist eine schwierige Aufgabe. Beginnen wir die Schilderung im Nordosten, beim Leitensee. Am Ostufer des Sees ist, wie auch am Heradinger See (hier allerdings größtenteils zerstört), ein schmaler Streifen mit Kopfbinsenried (Schoenetum ferruginei) vorhanden. Südlich des Sees bzw. östlich der Moorstraße Ibm-Hackenbuch reichen Niedermoorgesellschaften etwa 200 m weit gegen Süden. Es handelt sich um ein Mosaik aus Steifseggenried (Caricetum elatae), Schneidbinsen-Röhricht (Cladietum marisci), Wunderseggenried (Caricetum appropinquatae) und Fadenseggenried (Caricetum lasiocarpae). Stellenweise breitet sich auch schon die rote Hochmoor-Blutgesellschaft (Sphagnetum magellanici) aus. Südlich daran schließt an der Moorstraße eine Hochmoorinsel, das „Pfarrermoos“ (Besitz: Pfarrpfründe Eggelsberg), an, das weitgehend abgetorft ist. Die Torfstiche regenerieren aber lebhaft; auf dem nassen Torfschlamm wachsen große Herden des Mittleren Sonnentaus (Drosera intermedia) und anderer seltener Moorpflanzen. Auf den stehengebliebenen Torfbänken ist ein Sekundär-Moorwald aus Moorbirke, Kiefer usw. entstanden, der nicht genutzt wird und einen urtümlichen Eindruck macht.

Östlich schließt an das Pfarrermoos bzw. südlich an die Niedermoorflächen am Leitensee die weite Übergangsmoorfläche des „Pfeiferangers“ an. Es ist ein Schnabelbinsen-Übergangsmoor mit den wohl ausgedehntesten Beständen an Brauner Schnabelbinse (Rhynchospora fusca) im südlichen Mitteleuropa. Daneben kommen noch Alpen-Wollgras (Trichophorum alpinum), Weiße Schnabelbinse (Rhynchospora alba), Steifsegge (Varex elata fo. dissoluta), viel Pfeifengras (Molinia coerulea) und Bultflekken aus Sphagnum palustre, subbicolor, papillosum und magellanicum sowie Moosbeere (Vaccinium oxycoccos) und Rosmarinheide (Andromeda polifolia) vor. Man gewinnt den Eindruck, daß diese Bultflächen sich ausbreiten, vermutlich eine Folge von

Entwässerungsmaßnahmen in der Umgebung. Am Ostrand des Pfeiferangers wurde eine große Fläche, ehemals (bis 1963) Kopfbinsenried mit Alpenwollgras, entwässert und in Kulturwiesen umgewandelt.
Südlich schließt an den Pfeiferanger ein großer Hochmoorschild, der „Ewigkeit-Filz", an, von dem aber nur im äußersten Süden eine relativ kleine Teilfläche naturnah erhalten ist. Es handelt sich um einen Latschenfilz in Moorrand-Ausbildung, d. h. mit viel Rauschbeere (Vaccinium uliginosum) und Sphagnum fallax. Der Rest dieses Moorteils wurde von Hand ausgetorft, und der Torf wurde größtenteils in der Glashütte Hackenbuch verheizt, nach heutigen Begriffen ein unverantwortlicher Raubbau!
Noch vor zwanzig Jahren kamen alle vier mitteleuropäischen Birkenarten im Ibmer Moos vor. Davon wurde das Vorkommen der Zwergbirke (im Waidmoos, Salzburg) durch Torfabbau vernichtet, während die letzten Exemplare der Strauchbirke (Betula humilis) der Anlage eines Grabens zum Opfer fielen. Um 1880 war die Strauchbirke im Moor noch häufig!
Der Westteil des Moores beginnt im Norden beim Heradinger See und zieht sich über die „Frankinger Möser" zur Landesgrenze. Hier sind einige gut erhaltene Latschenhochmoor-Parzellen hervorzuheben; eine davon ist Naturschutzgebiet und damit hoffentlich gesichert.
Im Ibmer Moos ist in den letzten Jahren viel für die Erhaltung getan worden; das Land Oberösterreich hat hohe Summen für den Ankauf schützenswerter Flächen aufgewendet. Trotzdem bleibt ein leises Unbehagen bezüglich der Zukunft des Moores. Kleinere Eingriffe erfolgen noch immer, und es erhebt sich die Frage, ob größere mit Sicherheit ganz abgewendet sind.

Peter Adamicka

Der Rothwald

Wem würde nicht das Herz weit, wenn er, beim Gipfelkreuz des Dürrnsteins (1878 m) angelangt, nun plötzlich zu seinen Füßen die walderfüllte Talung zwischen dem Oberlauf der Ybbs und dem Lassingbach ausgebreitet sieht. Zur Linken, wenn man sich gegen Nordosten wendet, der breite Rücken des Ötschers, der unseren Standort bloß 15 m überragt; rechts hingegen die Gipfel der Ennstaler Alpen, zuvorderst das Hochkar (1808 m) mit seinen Liftanlagen; und weit hinten sehen wir bei klarem Wetter den Dachstein und die Gipfel der Hohen Tauern. Im Süden bilden Kräuterin und Hochschwab (2277 m) den Horizont.

Als eingefleischtem Biologen bedeutet mir aber der Anblick des Waldes tief unter mir viel größere Lust als der dieser Berge ringsum – weiß ich doch: Hier vor mir liegt der Rothwald, der größte Flecken ursprünglichen Waldes in Mitteleuropa. – Mit Superlativen werfen wir ja gern um uns. Einige Kilometer hinter mir liegt der „reinste Badesee Mitteleuropas"; auf dem Weg von dort hierher kam ich an „einem der romantischesten Gebirgsseen" vorbei, und wenn ich mich nach Nordwesten wende, weiß ich hinter dem „Hansl" (1641 m) die Doline der Gstetteneralm, in der man die „tiefste Temperatur von Mitteleuropa" gemessen hat: – 52°. Das hört sich sensationell an, ist aber biologisch recht belanglos, weil solche Extreme ja selten und nur kurzdauernd auftreten. Im übrigen ist das Gebiet keineswegs klimatisch benachteiligt. Der „größte primäre Urwald Mitteleuropas" („primär" soll sagen: niemals vom Menschen angetastet) – das ist in der Tat ein Faszinosum, zumal man die übrigen Urwaldreste in Mitteleuropa beinahe an den Fingern einer Hand herzählen kann. Und dieser hier ist immerhin über 300 ha groß!

Ich gestehe, daß der Anblick und dieses Wissen (denn von hier oben, aus der Entfernung, sieht man dem Walde seine Jungfräulichkeit ja nicht an) imstande sind, eine Gänsehaut der Ehrfurcht auf meinem Rükken zu erregen, auch bei warmem Wetter. Sooft ich noch da oben stand – besonders im Herbst kann man sich auch an der Farbenpracht kaum sattsehen –, sooft ich also hinabsah, mußte ich mich bezwingen, nicht einfach zum Rothwald hinunterzulaufen, um gleichsam einzutauchen in das grüne Meer. (Wenn man genauer hinblickt, sieht man, daß dieses „Meer" eine ziemlich unregelmäßige Oberfläche hat, im Gegensatz zum ringsum stehenden Wirtschaftswald: Einige Bäume überragen die übrigen um ein Beträchtliches.) Doch ist der Südhang des Dürrnsteins sehr steil und nicht ungefährlich; auch käme man vor Abend nicht aus dem Wald heraus. Und darüber hinaus wäre ein solches Eindringen illegal.

Der Rothwald ist Naturschutzgebiet und Privatbesitz und darum nicht ohne weiteres und allgemein zugänglich, was, wie ich hier nicht erläutern muß, im Interesse seiner Erhaltung liegt (und nicht in dem eines Besitzgenusses des Eigentümers. Zur Zeit ist er auch für wissenschaftliche Exkursionen geschlossen, denn der stetig zunehmende Andrang von Interessenten in den letzten Jahren ist nicht ohne Auswirkungen auf den Wald geblieben. Man denke in diesem Zusammenhang an die berühmten Höhlen von Lascaux, die aus ähnlichen Gründen für jeden Besuch geschlossen werden mußten. Seit 1875 gehört der Rothwald (mit einer kurzen Unterbrechung) der Familie Rothschild (von der er aber nicht etwa seinen Namen herleitet!).

Wir verdanken das Bestehen des Urwaldes dem Zusammentreffen einiger Gegebenheiten. Zuerst scheint es lange strittig gewesen zu sein, ob der Wald „an der Roth" zum Besitz der Kartause Gaming gehörte oder schon zu den Ländereien des Stiftes Admont. Sodann war die transporttechnische Lage sehr ungünstig (es gibt in der Nähe keine flößbaren Bäche; außerdem ist der Abtransport, auch das Triften, der Stämme umso schwieriger, je größer sie sind; versucht hat man es ja). So konnte es kommen, daß im Zeitalter der Eisenhämmer und des Aufblühens der Innerberger Gewerkschaften in den Eisenwurzen, in denen wir uns ja befinden, gewaltige Schlägerungen (Kahlschläge) stattfanden, der Rothwald aber verschont blieb. (Ein Zerrennhammer verbrauchte bei einer durchschnittlichen Produktion von 100 t Roheisen 1700 Festmeter Holz [als Holzkohle] im Jahr; allein im Gebiet von Lunz gab es sechs Hämmer; für die Eisenwurzen insgesamt ergäbe sich ein Holzbedarf von ca. 115.000 Festmetern im Jahr, wobei man zur Holzkohlenerzeugung nur Weich- d. h. Nadelholz verwendete.)

Als dann die Eisenerzeugung zur Großindustrie geworden und man dazu von der Holz- zur Steinkohlenverwendung übergegangen war, konnten sich die Wälder etwas erholen, wurden aber weiterhin als Brennholzlieferanten und später für verschiedene neue Industrien genutzt. Andererseits hatte das Aufblühen der Großindustrie es reich gewordenen Männern ermöglicht, Voluptargüter zu erwerben, also Ländereien, die keinen Gewinn abzuwerfen hatten, sondern bloß der Erholung, etwa der Jagd, dienten.

Das Urwaldgebiet setzt sich aus dem „Kleinen" und dem „Großen Urwald" zusammen. Im Nordwesten ist die Begrenzung der Steilhang des Dürrnsteins; hier steigt der Wald (fast ausschließlich Fichte) bis ca. 1600 m an, während der tiefer gelegene Teil in einem Talkessel bis gegen 940 m fällt. Der Kessel wird durch mehrere Bäche (Roth-, Moderbach) zum Lassingbach (ins Flußgebiet der Enns) entwässert. Hier steht Mischwald mit etwa gleichen Teilen Buchen, Tannen und Fichten. Der Untergrund besteht aus ziemlich dolomitischem Dachsteinkalk (stellenweise auch Dolomit) mit darauf entwickelter Rendzina, im Süden aus Kössener Schichten (mit Mergeleinschüben). Bemerkenswert ist, daß der Große Urwald auf altem Bergsturzmaterial (der Langwand) steht, was große Bodenunebenheit bewirkt (Felsblöcke!) und die Holzbringung noch erschwerte.

Wenn der Unkundige das Wort „Urwald" hört, denkt er an die tropischen Regenwälder mit ihrem Stufenbau, mit Epiphyten, Lianen etc. Die Urwälder, die Mitteleuropa einige Jahrtausende und bis ins Mittelalter hinein bedeckten, sahen jedoch anders aus. Selbstverständlich gab es je nach Lage (Klima, Boden, Höhenlage) ganz verschiedene Urwaldformen, darunter auch solche, die nur aus einer Baumart bestanden (z. B. Kiefer). Dem tropischen Urwald am ähnlichsten waren (und sind es auch in ihren letzten Resten) unsere Auwälder. Allen Urwäldern gemeinsam ist etwas, worin sie sich ganz wesentlich von den jetzt gebräuchlichen Wirtschaftswäldern (Forsten) unterscheiden: die Altersstruktur, das Zurücktreten der jungen zugunsten mächtiger alter Bäume.

Bei einem meiner ersten Aufenthalte in Lunz verirrte ich mich – nicht ganz absichtslos – in einen kleinen Urwaldrest (10 ha) in etwa 1200 m Höhe. Unvergeßlich ist mir der starke Eindruck, den diese hehren Fichten mit ihren meterdicken, flechtenbewachsenen Stämmen machten, während ich mühsam über moosbedeckte Felsblöcke und gefallene, vermorschte Baumleichen kletterte, die dort wüst umherlagen. Ganz unwillkürlich kommt man sich auf einmal um etliches kleiner und bescheidener vor. Zugleich vermitteln diese Bäume aber auch ein Gefühl der Geborgenheit und der Freude. Es leuchtet ein, daß unsere Vorfahren – Kelten, Germanen oder Slawen – den Wald für heilig hielten und daß von einem solchen Wald zum Innenraum eines gotischen Doms nur ein kleiner geistiger Schritt ist.

Im Rothwald sieht es ähnlich aus. Die stattlichsten Bäume (Tannen) erreichen 50, ja 58 m, sie sind dann 300 bis 600 Jahre alt; das Gewicht eines solchen Baumes kann 55 t betragen, der Stammdurchmesser in Brusthöhe (d. h. oberhalb des Bereiches der Wurzelansätze) kann 1,6 m übersteigen (Umfang 5 m); der Stamm allein besteht dann aus 40 Festmeter Holz. Die Fichten bleiben in ihren Maximallängen etwas hinter diesen Maßen zurück, und die Buchen erreichen gewöhnlich nur etwa 30 m Höhe und ein Alter von ca. 300 Jahren. (Die 380 Jahre, die man als Alter einer Buche des Rothwaldes an einem Stamm-Bohrkern festgestellt hat, stellen schon etwas recht Außergewöhnliches dar.) Neben den drei Haupt-Holzarten (in den tieferen Lagen tritt die Fichte etwas in den Hintergrund) kommen Bergahorn und Bergulme in schönen Exemplaren vor. Nicht alle am Kronenschluß beteiligten Bäume sind natürlich solche Riesen, zumal das Höhenwachstum mit zunehmendem Alter ja abnimmt oder stagniert, d. h. es können auch schon 130- oder 150jährige Bäume am Blätterdach teilhaben. An Stammholzmasse werden stellenweise 1000 Festmeter pro Hektar überschritten (bei einem Verhältnis von Hart- zu Weichholz von etwa 1 : 4); daraus läßt sich eine Biomasse von bis zu 1400 t/ha errechnen, was Werte aus tropischen Urwäldern ums doppelte übertrifft. Im benachbarten Wirtschaftswald (der hier recht alt wird, das Maximalalter der Bäume beträgt 130 Jahre) kann die Stammholzmasse immerhin 750 fm/ha erreichen, wobei der jährliche Zuwachs bei Buche und Ahorn 0,6 fm, bei Fichte (die hier 80 Prozent stellt) und Tanne 5,1 fm beträgt; diese Werte sind im Urwald natürlich geringer (wegen des höheren Alters der Bäume).

Der Unterwuchs im Urwald besteht aus Jungbäumen der genannten Arten und schattenliebenden Sträuchern wie Seidelbast, Mehlbeere, Alpengeißbart, Heidelbeere, Brombeere, Heckenrose, in Gräben Eberesche, Großblättrige Weide, Rauhblättrige Alpenrose u. a. Die Krautschicht enthält eine sehr hohe Zahl verschiedener Pflanzen (gegen 80 Arten; die bekanntesten sind Waldmeister, Dreiblättriges Schaumkraut, Weiße Zahnwurz, Sanikel, Teufelskralle, Bergehrenpreis, Gilbweiderich, Großes Springkraut oder Rührmichnichtan, Süßwolfsmilch, Bingelkraut, Himmelschlüssel, Waldsegge, Hainsimse, Einbeere, Waldveilchen, Alpendost, Mauerlattich, Bergweidenröschen, Sauerklee, Schneerose, Hasenlattich, Walderdbeere, Goldrute, Braunelle, Salomonssiegel, Springschaumkraut, Rundblättriger Steinbrech, Rauher Kälberkropf, Kriechender Hahnenfuß, Schattenblume u. a., dazu natürlich auch Bärlapp und mehrere Farn-Arten). Pflanzensoziologisch bemerkenswert ist, daß die Mehrzahl dieser Arten charakteristisch für den Buchenwald ist; die gern in Fichtenwäldern lebenden Kräuter und Sträucher sind wenig zahlreich (z. B. Waldwachtelweizen). All diese Pflanzen stehen kaum je so dicht, daß sie den Gang des Besuchers hemmten. (Auch im Wirtschaftswald können mehrere Dutzend dieser Pflanzen vorkommen, wofern nicht eine tote Streuschicht den Boden bedeckt. – Auf die zahlreichen Moose und Flechten kann ich hier nicht eingehen.)

Was allerdings das Vorwärtskommen im Urwald behindert, ist, wie bereits angedeutet, das Fallholz. Diese Erscheinung ist uns vielleicht in geringerem Ausmaße aus der Kriegs- und Nachkriegszeit noch in Erinnerung, wenn wir gezwungen waren, im Wald Brennholz zu sammeln; im gepflegten Wirtschaftswald ist davon jedenfalls kaum etwas zu finden. Auch Windwurfmaterial wird im Forst sehr rasch aufgearbeitet und abtransportiert. – Im Urwald stößt, wie auch sonst, zunächst jeder Baum Äste, die infolge zu starker Beschattung keine positive Assimilationsbilanz mehr zeigen und deshalb absterben, ab, wenn man auch jene hochgejagten Fichten, die aus einem langen, halbverhungerten Stamm und einer winzigen Krone bestehen, hier seltener finden wird als im Forst. – Dann kommt aber auch für jeden, selbst den prächtigsten Urwaldriesen, die Zeit des natürlichen Todes. Zwar besitzt ein Baum bekanntlich an den Wurzel- und Triebspitzen stets embryonales Gewebe, das jederzeit oder zumindest im Frühling in der Lage ist, neue Blätter, Äste und Wurzeln hervorzubringen; hier also wäre der Baum unsterblich. Aber das Gewebe dazwischen, besonders die Leitungsbahnen, ist nicht in gleichem Maße erneuerungsfähig; es unterliegt dem Alterungsprozeß, seine Leistung wird ungenügend, so daß der breite Wipfel nicht mehr genug Wasser aus dem Boden bekommt und das Wurzelwerk nicht mehr genug Substanz zum Weiterwachsen aus den Blättern. So müssen die Triebspitzen (Vegetationspunkte) absterben. Dieser Prozeß kann Jahrzehnte währen. In die Wurzeln und Leitungsgefäße können Bakterien und Pilze eindringen und beginnen, das Holz seiner Elastizität zu berauben. Eines Tages, etwa bei Sturm oder durch winterliche Schneelast (Naßschnee!), bricht der Baum zusammen, mag selbst noch Leben in ihm gewesen sein – er stürzt hin, mitunter Äste von seinen Nachbarn oder, wenn diese wesentlich schwächer waren, den einen oder anderen von ihnen mitreißend oder erschlagend. Auf diese Weise entstehen im Urwald immer wieder kleine Lichtungen, die das Gedeihen auch jener Pflanzen ermöglichen, die nicht gerade schattenliebend sind (z. B. Springkraut, Germer). Allenthalben stehen schon jüngere Bäume rundum bereit, die sozusagen nur auf den Tag gewartet haben, die Lücke alsbald zu schließen. Man mag dies unter das Bild des rücksichtslosen Existenzkampfes zwischen den Mitgliedern des Baumverbandes ordnen oder aber – mit dem Fürsten Kropotkin – den Wald als für uns beispielhaft darstellen in dem Zusammenwirken verschiedener Individuen zu gegenseitiger Förderung und gemeinsamem Nutzen – die Wirklichkeit faßt beide Aspekte zur Einheit zusammen.

Infolge des vom Urwald selbst geschaffenen feucht-kühlen Kleinklimas geht der Abbau des liegenden Holzes sehr langsam vor sich. (Ein großer Teil des Niederschlags, insgesamt ca. 2350 mm im Jahr, fällt als Schnee, der im Frühling im Waldschatten sehr langsam abschmilzt; noch im Juni kann er meterhoch liegen, nachdem sich im Windschatten des Dürrnsteins jeden Winter große Mengen ansammeln. Dieser Schnee behindert dann die Assimilation der erwachsenen Bäume kaum mehr – hier bekommen wir die Antwort auf die Frage, warum es überhaupt für Pflanzen von Vorteil ist, Baumform zu haben!) Dickere Stämme sind noch vierzig Jahre nach dem Niederbruch zu erkennen! Der die Zellulose imprägnierende Holzstoff (das Lignin) ist eine geniale Erfindung in der Evolution der Landpflanzen. Da das Lignin ein unregelmäßiges Heteropolymerisat verschiedener aromatischer Verbindungen darstellt, ist es für Mikroorganismen, die ja nur wenige chemische „Werkzeuge" (Enzyme) bei sich haben können, sehr schwierig, diese Substanz abzubauen (diese Tatsache kommt natürlich vor allem den lebenden Bäumen zugute). Die großen Holzmassen auf dem Boden stellen im Urwald ein überaus wichtiges Substrat für eine Unzahl von Lebewesen dar, die somit im Wirtschaftswald kaum mehr Lebensmöglichkeiten finden (allenfalls noch in Baumstrünken) und darum praktisch verschwunden sind. Es ist hier völlig ausgeschlossen, auf alle die Pilze (die besonders gegen den Herbst hin oft auffallende Fruchtkörper, „Schwämme", erzeugen), Algen, Moose, Ziliaten, Würmer, Schnecken, Spinnen, Milben, Asseln, Tausendfüßler und Insekten (Larven und Adulte) einzugehen, die am oder im und (zumindest mittelbar) vom Holz leben, zumal die Zusammensetzung und erst recht die Ökologie dieser Lebensgemeinschaft bisher völlig unzulänglich bekannt ist (Seltenheit des Biotops!). Die Zahl der beteiligten Arten geht in die Tausende. Besonders auffallend sind natürlich einige große Käferarten aus den Familien der Lauf-, Hirsch- und Bockkäfer und der Kurzflügler. Die holzbohrenden Larven besorgen mit ihren Beißwerkzeugen das, was die Mikroorganismen auf chemischem Wege nur unzureichend zuwege bringen – freilich nur in engster Zusammenarbeit mit diesen. Diese Abbau-Arbeit verläuft über ganz bestimmte, durch Pilzpigmente charakterisierte Zwischenstufen, verschieden für jede Holzart. Den holzbewohnenden Larven stellen in ihren Gängen verschiedene Räuber nach (z. T. auch wieder Larven, z. B. von Fliegen), während unerwarteterweise die insektenparasitischen Hymenopteren, die Schlupfwespen, keine große Rolle spielen. Übrigens sind auch die Haufen der Roten Waldameise im

Urwald weder auffällig noch besonders zahlreich.
Überhaupt überwiegt hier keine Art. Sonst als Forstschädlinge gefürchtete Insekten (z. B. Borkenkäfer, Blattwespen) sind, wenn man nach ihnen sucht, zu finden, aber stets in völlig unbedeutenden Mengen. Ein geringer Blattfraß, etwa durch Rüsselkäfer, kann schon vorkommen, stört jedoch in keinem Fall die Stabilität des Ökosystems. Die große Zahl der die Lebensgemeinschaft bildenden Arten (darunter auffallend viele Räuber!) wirkt zusammen auf ihr Fortbestehen hin. Mit Recht sagt Schimitschek, daß Gradationen von Schadinsekten im Wirtschaftswald ein „Versuch der Natur sind, vom Menschen geschaffene unnatürliche Zustände zu beseitigen". Weil hier Flach- und Tiefwurzler eng verschränkt stehen (zumindest in den tieferen Lagen) und, im Zusammenwirken mit ihren Wurzelpilzen, einander gegenseitig in der Wurzelbildung günstig beeinflussen, ist der Urwald im allgemeinen ziemlich widerstandsfähig gegen Windwurf. Die örtliche Situation bringt es allerdings mit sich, daß im Rothwald z. B. bei Föhnsturm doch Wipfel geknickt oder sogar ganze Schneisen in den Wald gerissen werden, besonders in der Höhenstufe, wo die Fichte allein wächst (die Lärche ist völlig zur Baumgrenze verdrängt). Unter diesen Umständen können sogenannte Sekundärschädlinge massenhaft auftreten, was nichts macht, da ja hier der Mensch das Holz ohnehin nicht verwertet. Im großen und ganzen haben im Urwald „Schädlinge" wenig Chancen, auch wegen des kühlen Kleinklimas, welches bewirkt, daß sich ihre Entwicklung sehr verzögert.
Zum Bilde des Urwaldes gehören selbstverständlich auch noch stehende tote Bäume. Solche Ruinen können ein halbes Jahrhundert überdauern, ehe sie völlig zerfallen und vermodert sind. Unter noch vorhandener Rinde kriechen im Bastmulm gern Regenwürmer meterhoch empor. Allenthalben brechen Baumschwämme hervor, die (im Gegensatz zu den übrigen Hutpilz-Fruchtkörpern) jahrelang weiterwachsen, innerlich aber auch schon wieder von Spezialisten (Käfer- und Fliegenlarven) zerfressen werden. Einige Baumschwamm-Arten beginnen ihr Zerstörungswerk in noch lebenskräftigen Bäumen (Buchen), so auch der Hallimasch, dessen Pilzfädengeflecht man unter Umständen nachts aus Baumstrünken leuchten sehen kann. Auf den Baumleichen siedeln sich im Mulm auffallend oft Fichten an, deren frisches Grün im lebhaften Gegensatz zum fahlen Grau des toten Holzes steht. Allerdings sind die meisten dieser Fichten zu frühem Tod verurteilt, da sie ja nicht im sicheren Grund wurzeln.
Zuletzt wird das vermodernde Holz, dem sich im Herbst Fallaub und abfallende Nadeln zugesellen, zu Humus. Auch der Humus, der hier eine Mächtigkeit von fast 1 m haben kann, ist überaus reich an Lebewesen. In 1 dm^3 fanden sich, abgesehen von mikroskopischen Algen, Pilzen, Amoeben etc., z. B.: 940 Milben, 29 Tausendfüßler, 107 Proturen, 2382 Collembolen, 4 Holzläuse, 8 Käfer und 7 Ameisen. Besonders wichtig für die Verarbeitung des Holzmoders zu Humus sind die Regenwürmer. Neben weiteren Ständer- und Schlauchpilzen (Bärentatzen!) zehren Korallenwurz und Fichtenspargel, zwei chlorophyllfreie Blütenpflanzen, als Saprophyten vom Humus.

In der Humusbildung liegt ein wesentlicher Gegensatz zum tropischen Urwald. Infolge der hohen Temperaturen verlaufen dort die Abbauprozesse viel rascher, die Bäume nehmen das ganze Jahr über gierig alle freiwerdenden (mineralisierten) Aufbaustoffe (oft mit eigenen Organen!) auf, die sonst vom Regen weggeschwemmt würden. Es ist im tropischen Regenwald keine „Fruchtbarkeit" vorhanden, die nicht in den lebenden Pflanzen (und deren Fallaub) steckte. Eine Forstwirtschaft wie bei uns ist in den meisten tropischen Ländern ausgeschlossen, weil nach der Ernte der Biomasse des stehenden Waldes nichts Vergleichbares mehr nachwachsen kann – so arm ist der Boden. Bei Brandrodung steht ein Teil der Fruchtbarkeit in Form der Asche zur Verfügung, ist so aber sofort der Auswaschung durch den Regen ausgesetzt; auf diese Weise sind nur einige karge Ernten möglich, dann ist der Boden erschöpft.

Darum ist ja der Raubbau, der seit einigen Jahren in den Tropen großflächig an den Wäldern (z. B. im Amazonasgebiet) betrieben wird, so entsetzlich kurzsichtig. Es handelt sich dort oft um Wälder, die nicht wie unser Urwald bloß einige Jahrtausende (seit der letzten Eiszeit) zu ihrer Entstehung (zum Aufeinander-Einleben verschiedener Arten!) Zeit hatten, sondern Jahrmillionen. So entstanden Waldgemeinschaften, in denen nicht wie im Rothwald drei oder fünf Baumarten zusammenleben, sondern einige hundert, ja – auch dem erfahrenen Biologen schwer faßlich – selbst über tausend (Neuguinea). Viele dieser Arten werden ausgerottet, ehe sie einen Namen bekommen konnten, geschweige denn, daß man etwas über ihre Biologie und ihren etwaigen Nutzen erfahren hätte können.

Im Urwald der gemäßigten Zone liegt ein großer Teil der Gesamtfruchtbarkeit im Humus. Deshalb konnten unsere Vorfahren auf gerodeten Flächen erfolgreich ihre Landwirtschaft aufziehen; nach Kahlschlag, wie eingangs fürs Lunzer Gebiet geschildert, kann dank der Nährstoffreserven im Humus wieder ein Wald entstehen, der dem ursprünglichen ziemlich geglichen hätte, wäre er sich selbst überlassen geblieben. Früher ließ man beim Holzfällen Rinde und Äste im Wald; heute allerdings weiß die Industrie auch diese Teile mit Gewinn zu verwerten, so daß man schon hat erfahren müssen, daß es mit der Bodenfruchtbarkeit schnell bergab geht, wenn man alle oberirdischen Teile eines Baumes aus dem Walde entfernt. Allein im Urwald aber herrscht ein fast lückenloser Stoffkreislauf (dank der Adsorptionsfähigkeit des Humus), der das absehbar unveränderte Weiterbestehen der gleichen Biozönose gewährleistet. (Das im Boden versickernde Wasser ist wie im tropischen Regenwald sehr arm an Nährstoffen. – Mit der äußersten Kargheit des Biotops – bei üppiger vegetativer Entwicklung – steht offenbar die Armut der tropischen Urwälder an tierischem Leben in Zusammenhang, die einen frappanten Gegensatz zu einem Biotop wie dem Rothwald ausmacht.)

Zum Schluß noch einiges über die Wirbeltiere im Dürrnstein-Urwald. Es kommen die Arten vor, die auch in den umliegenden Wäldern angetroffen werden. Ich erwähne bloß Alpendohle, Kolkrabe, Steinadler, Mäusebussard, vier Spechtarten, Fuchs, Wiesel, Steinmarder, Gemse, Schneehase, Bilch,

Alpenspitzmaus, Kreuzotter; der lebendgebärende Alpensalamander wird wegen der stets hohen Luftfeuchtigkeit allenthalben im Walde umherwandernd angetroffen, nur an warmen Tagen verkriecht er sich unter Fallholz u. ä. Dem romantisch Veranlagten sei gestattet, sich auch den Braunbären in den Rothwald zu denken, da der „Ötscherbär" ja wirklich gerade wieder einmal im Urwald nach Holzengerlingen stöbern mag, nachdem der (vermeintlich!) letzte Bär des Gebietes 1842 in der Nähe von Neuhaus erlegt worden ist. – Das Fehlen der übrigen Raubtiere (Wolf, Luchs) und kleinliche Überhegung hat in ganz Österreich, wenigstens zeitweise, den Wildbestand (Reh, Hirsch, Gemse) derart anwachsen lassen, daß überall deutliche Verbißschäden am Walde auftreten. Dadurch wird aber auch die Verjüngung des Urwaldes – mittelbar durch den Menschen – verändert, denn das Wild schädigt junge Buchen und Tannen stärker als Jungfichten.

Davon abgesehen, beschränkt sich das Wirken des Menschen in diesem Wald auf das Aussägen und Beiseiterollen jener Teile von gefallenen Stämmen, die Wege versperren. Der Rothwald ein Demonstrationsobjekt für Forstingenieure und Eldorado der Entomologen und Pilzforscher? So wäre denn mit diesem Reservat ursprünglicher Natur alles in Ordnung? – Leider nein. Bekanntlich stellt der saure Regen, dessen pH-Wert im Gebiet öfters auf 3,5 heruntergeht, eine Bedrohung dar, gegen die Maßnahmen, selbst wenn sie äußerst rigoros durchgeführt würden, nicht sofort allgemein sichtbare positive Wirkungen zeitigen könnten. Kein Mensch weiß heute, wie es mit unseren Wäldern weitergehen wird – da kann der Rothwald keine Ausnahme sein.

Werner Gamerith

Das Kamptal
eine gerettete Landschaft?

Die Freunde der Natur können aufatmen, das Kamptal zwischen Wegscheid und Rosenburg bleibt bis auf weiteres ein „Lebensraum aus erster Hand", eine ursprüngliche Naturlandschaft. Da es vermutlich an weiteren Angriffsversuchen auf dieses Tal nicht fehlen wird, sollten wir uns darauf besinnen, worum es in dieser Auseinandersetzung ging, was wir im Kamptal gerettet haben, um zeigen zu können, wie wertvoll diese Landschaft ist, wenn sie nicht in einem verengten Blickwinkel als Rohstoff zur Elektrizitätsproduktion gesehen und verbraucht wird.

Flußtäler mit weitgehend natürlichem Charakter sind selten geworden. Eines davon ist jener Teil vom Mittellauf dieses größten Flusses im geologisch ältesten Teil Österreichs, der noch nicht durch Kraftwerksanlagen überflutet oder trockengelegt ist. Es ist ein 15 km langes Engtal, das bis zu 200 m tief in die umgebende Hochfläche eingeschnitten ist. Erst in geologisch jüngerer Zeit grub sich der Kamp dieses Tal, weil bei der Auffaltung der Alpen der abgetragene Gebirgsrumpf der „Böhmischen Masse" erneut gehoben wurde, sodaß die Flüsse ein stärkeres Gefälle bekamen und sich eintieften. Strudengau und Wachau, Thayatal und Kamptal sind so entstanden. Rein außerlich unterscheiden sich diese Täler durch ihren mäandrierenden Verlauf von den gestreckteren Gebirgstälern.

Das Kamptal zwischen Wegscheid und Rosenburg ist von all diesen Landschaften am ursprünglichsten erhalten, weil steile Talhänge und Felsabstürze, die manchmal direkt aus dem reißenden Fluß hochragen, den Zugang sehr erschweren. Im unteren Abschnitt führt aus dem selben Grund auch kein markierter Touristensteig das Ufer entlang. Dieses Gelände bot gute Plätze für mittelalterliche Burganlagen, deren Reste heute lohnende Ausflugsziele bilden. An Steilhängen sind die Wälder mangels forstlicher Erschließung manchmal noch urwaldartig. Mit Ausnahme des kleinen, von Wiesen und einigen Feldern umgebenen Dorfes Steinegg stören keine Flußverbauungen, Straßen, Häuser oder Leitungstrassen die romantische Urtümlichkeit und den ökologischen Reichtum dieses Tales.

Der als „pannonisch" bezeichnete trockenwarme Klimabereich mit seiner Steppenvegetation hat hier seine nordwestliche Verbreitungsgrenze und reicht zungen- und inselartig in das feuchtkühle „baltische" Klima des Waldviertels hinein. Eine weitere Ursache für die besondere Vielfalt an Lebensformen ist der gewundene Tallauf. Die Hänge sind dadurch nach den verschiedensten Windrichtungen exponiert und bilden Standorte für die unterschiedlichsten Mischwaldtypen, die von kleinen Auen über Eschen-, Buchen- und sogar Lindenbestände bis zu pannonischen Trockenrasen reichen, die schütter mit Krüppeleichen und Kiefern bestockt sind. Steinblöcke und Felsbildungen aus altkristallinen Schiefergesteinen bringen noch zusätzlich Abwechslung in jede dieser Vegetationsdecken.

Durch die enge Verzahnung vielfältiger Geländeformen und Lebensräume finden Lebewesen mit den unterschiedlichsten Ansprüchen hier eine Heimat. So finden wir hier zum Beispiel den Feuersalamander als Bewohner feuchter Wälder, der als Larve in klaren Seitenbächen lebt, ebenso häufig wie die Smaragdeidechse, unsere größte und bunteste Eidechsenart, als wärmeliebende Bewohnerin südlicher Regionen. In Talauen gedeihen prachtvolle Bestände des seltenen Straußenfarnes mit seinen über ein Meter hohen Wedeln; ein kurzes Stück oberhalb wachsen zarte Steppenpflanzen wie Graslilie und Federgras.

120 Vogelarten wurden hier gezählt. Den Schwarzstorch sieht man regelmäßig in seinem majestätischen Flug über den Wäldern, und sogar der Uhu brütet in den Felswänden. Alle vier Natternarten sind hier häufig und auch botanische Besonderheiten wie Türkenbund, Muschelblümchen und Kleines Kabenkraut, Elsbeere, Kornelkirsche und Pimpernuß.

Die größte Formenmannigfalt kann der aufmerksame Beobachter im Bereich des Flusses vorfinden, dessen Bett in schäumende Wildwasserstrecken und langsam strömende Bereiche, in tiefe Kolke und breite Furten gegliedert ist. An einigen Stellen bilden weidenüberschattete Altwässer Laichplätze für Froschlurche, anderswo teilt sich der Kamp und bildet Inseln, die zwischen Weidenbäumen und Traubenkirschen im Sommer mit einem mannshohen Dschungel aus Rohrglanzgras, Brennesseln und anderen Kräutern bedeckt sind. Außer Forellen und anderen Fischen der Äschenregion leben Krebse, Larven von Eintagsfliegen und vielen anderen Insekten und zahllose andere Wirbellose im Wasser als Nahrungsgrundlage vieler Wirbeltiere.

Bachamseln laufen im seichten Wasser dahin, verschwinden manchmal auf der Jagd nach Kerbtieren im Wasser und tauchen ganz woanders wieder auf, um auf einem Stein auszuruhen. Ihre Nester bauen sie an unzugänglichen Felsen über dem Wasser. Der Eisvogel macht uns durch seinen gellenden Pfiff auf sich aufmerksam. Er landet auf einem tief über dem Wasser hängenden Ast einer der alten Schwarzerlen, die den Fluß säumen, um sich in die Fluten zu stürzen, wenn er einen kleinen Fisch erspäht. Als Brutplatz benötigt er eine geschützte Lehmwand, die er an wenigen Stellen an einem überhängenden Ufer findet, wo er eine tiefe Röhre gräbt.

Stockenten gründeln in einem ruhigen Strömungsbereich. Ein Graureiher steht unbeweglich wie ein Standbild nahe beim Ufer im Fluß. Die seltene Würfelnatter hält den Kopf aus dem Wasser, um auf der Jagd nach Fischen für den nächsten Tauchgang Atem zu holen. Gebirgsstelzen überqueren in bogenförmigem Flug das Gewässer und laufen über eine Schotterbank, wo sie unter den zahllosen über dem Wasser schwebenden Insekten reiche Beute machen. Sogar der fast ausgestorbene Fischotter wohnt hier noch.

Die Vielfalt von Organismen und Geländeformen im Uferbereich zieht auch Arten an,

die an sich keine Uferbewohner sind. So sind sonnenbeschienene Uferstrecken ein bevorzugter Aufenthaltsort für Schlingnattern und Smaragdeidechsen, die auf Steinen und Schwemmholzansammlungen gute Lebensbedingungen finden.
Ausgerechnet dieser Kampfluß als Schwerpunkt einer einzigartigen Landschaft, mit seiner reichen Flora und Fauna wäre in seiner ganzen Länge vernichtet und durch öde Speicher ersetzt worden. Die Nachwelt wird uns dankbar sein, daß wir dieses Tal erhalten, denn Naturparadiese, funktionierende Ökosysteme von einer solchen Reichhaltigkeit hinterlassen wir ohnehin nur wenige.
Die großräumigen technischen Eingriffe während der letzten Jahrzehnte haben gerade bei uns in Mitteleuropa nur mehr bescheidene Reste naturnaher Landschaften übriggelassen, die wegen ihrer geringen Anzahl und ihrer Bedeutung als ökologische Zellen und Rückzugsgebiete bedrohter Arten, als Forschungsfelder oder Erholungsräume einen unschätzbaren Wert haben. Da echte, gewachsene Natur nicht machbar ist, kann man sie nur bewahren und Störfaktoren von außen und innen zu verringern trachten. Die Ökologie beginnt erst, einige Wechselbeziehungen zwischen den vielfältigen Elementen natürlicher Ökosysteme zu verstehen. Beherrschen oder gar neu aufbauen kann man solche Systeme daher nicht.
Auch im Kamptal geht es um mehr als landschaftliche Schönheit und ein paar auffallende Seltenheiten unter den größeren Wirbeltieren. Eine besonders reichhaltige Organismenwelt ist nicht nur als Artensammlung von Bedeutung, sondern auch in ihrem Wirkgefüge als sich selbst regelnde Ganzheit. So sollte, um einen nachhaltigen Schutz sicherzustellen, dieses Stück Kamptal zum Naturschutzgebiet erklärt werden.

In manchen Rückzugsgebieten, zum Beispiel im Kamptal, finden wir den Feuersalamander und, ebenso häufig, die schillernde Smaragdeidechse. Als Bewohnerin südlicher Regionen ist sie bei uns die größte und bunteste Erscheinung ihrer Art.

Der Rothwald

Dieses Gebiet braucht den Schutz vor dem Menschen, um letztlich für den Menschen erhalten zu bleiben. Seit Geschichte geschrieben wird, bemühen sich die Einwohner Mitteleuropas, jede Wildnis, jedes Waldstück in Wirtschaftsland umzuwandeln. Wenn Rodung und Wiederaufforstung weiter so konsequent betrieben werden, gibt es bald keinen Quadratmeter urtümlichen Waldboden mehr. 300 Hektar betreut die Forstverwaltung Langau und wirbt seit Jahren um Verständnis für ein Stück Urwald, in dem Bäume vielleicht seit den Tagen des Dreißigjährigen Krieges aufrecht stehen. Als Vollnaturschutzgebiet darf der Wald für mehrere Jahre nicht betreten werden. Eine Maßnahme, die auch für Exkursionen von Schulen und fachlich interessierten Gruppen gilt. Nur wenn es gelingt, dieses relativ kleine Reservat seiner eigenen Entwicklung zu überlassen, besteht die Aussicht, das Phänomen Urwald in seiner ganzen Dimension an diesem Beispiel zu demonstrieren. Der Rothwald, der durch seine Bezeichnung als Urwald viel zu viele Besucher anlockt, die mit diesem Begriff märchenhafte Vorstellungen verbinden, ist in seinem ökologischen Bauplan noch nicht erfaßt. Der Primärwald mit Urvegetation, wie er sich nach der letzten Eiszeit bilden konnte, ist eine Beispielsfläche für ein vom Menschen nicht unmittelbar gestörtes Ökosystem. In diesem Sinn lädt die Forstverwaltung zum Besuch der ebenso schönen wie interessanten Gebiete rings um den Rothwald ein, um dieses Stück Urlandschaft, soweit dies im Rahmen der Gesamtumweltverschmutzung möglich ist, auch späteren Generationen zu erhalten.

Das Kamptal

Das vielfältige Landschaftsbild Niederösterreichs wird mitbestimmt durch die mäandrischen Flußläufe von Thaya und Kamp im Nordwesten des Landes. Zwischen Wegscheid und Rosenburg hat sich der Kamp tief in die umgebende Hochfläche eingegraben. Die reichbewaldete Schlucht bildet ein bemerkenswertes Reservat, das geprägt ist vom pannonischen Klima. Auch um dieses Gebiet mußten die Naturschützer und Liebhaber kämpfen, um es in seiner Einmaligkeit zu erhalten. Wer die Diskussion mit den Kraftwerksplanern verfolgte, erlebte die Auseinandersetzung zwischen zwei Weltanschauungen. Fühlen sich die einen der Gegenwart und ihren Anforderungen verpflichtet, so vertreten die anderen eine Anschauung, die sich an zeitlosen Bedürfnissen orientiert. Der Mensch als Teil der Natur, sagen sie, kann nur mit der Hilfe einer intakten Natur physisch und psychisch gesund überleben.

Im unwegsamen Dickicht entlang der Flußwindungen finden die verschiedensten Tiere die nötige Ruhe zur Aufzucht ihrer Nachkommen. In den Steilwänden nisten Bachstelze und Kauz, zieht der Fuchs seine Welpen auf. Die nahezu ausgerottete Würfelnatter gibt es noch und den Eisvogel. Er taucht im Sturzflug ins Wasser und trägt seine Beute im Schwirrflug zur tief in die Wand gebauten Bruthöhle.
Ein „Naturschutzgebiet Kamptal“ wäre eine europäische Kostbarkeit. Unter fachkundiger Anleitung könnten Besucher hier das Verständnis für und die Liebe zur Natur gewinnen, denn vielen Menschen fehlt einfach das „prägende Erlebnis“.

Märchenwälder

Zwischen Granitblöcken blüht der rote Fingerhut unter vermoosten Fichten. Vom westlichen Mühlviertel bis weit hinein ins Waldviertel erstrecken sich große Waldgebiete, die nur dem Gefühl nach, aber nicht nach wissenschaftlichen Kriterien als Urlandschaften bezeichnet werden können. Kaum begangen, vermitteln sie aber den Reiz des Urtümlichen. Auf diesen stillen Pfaden erfährt der Mensch den Zauber der Natur und begreift ohne viel Worte, daß er es hier mit Werten zu tun hat, die nicht in Geld auszudrücken sind.

Bernd Lötsch

Apropos Lobau
Grundsätzliches zum Schutz von Feuchtgebieten

„Die Donau durchfließt das österreichische Staatsgebiet . . . auf einer Länge von rund 350 km, auf weiten Strecken an beiden Ufern begleitet von heute noch eindrucksvollen, naturnahen Auwäldern, die zu den schönsten Europas zählen."
Mit diesen Worten beginnt eine im Jahre 1975 vom Wissenschaftsministerium herausgebrachte Studie über die Bedeutung der Aulandschaften.

Eine Liebhaberei für einige Biologen, Fischer, Jäger und Faltbootfahrer – oder mehr?
Wie sah Prinz Bernhard der Niederlande als Präsident des „World Wildlife Fund" es anläßlich seiner Eröffnungsrede für das Naturreservat Marchauen?
„. . . Befruchtet vom Wasser und Schlamm der Flüsse, gehören die Auwälder zu den üppigsten und artenreichsten natürlichen Lebensgemeinschaften, zu den Gebieten, in denen die schönsten und geheimnisvollsten wilden Pflanzen und Tiere leben. Sie zahlen aber den Flüssen den Dienst gut zurück, sie nehmen bereitwillig ihr Wasser auf, wenn es zu reichlich kommt, ersparen damit dem Hinterland Überschwemmungen. Sie reinigen auch durch biologische und mechanische Prozesse das Wasser der Flüsse . . .
Auf lange Sicht gehören Naturschutzmaßnahmen zu den rentabelsten Investitionen. Was gestern zu teuer erschien und deshalb verlorenging, versucht man heute mit unendlich viel größeren Mitteln wieder herzustellen oder zu flicken."

Funktionen für Natur und Mensch

Der WWF-Präsident aus Holland war gut informiert – denn die eingangs erwähnte wissenschaftliche Studie österreichischer Ökologen liest sich wie eine Bestätigung und Erweiterung seiner Aussagen:
Als gesicherte Funktionen des Auwaldes findet man darin unter anderem
- natürliches Rückhaltebecken für Hochwasser(spitzen) ebenso wie als Ausgleichsspeicher für Trockenzeiten
- Erhöhung der Luftfeuchtigkeit, bis 60 km weit wirksam (für die trockene Agrarsteppe des Marchfeldes besonders wichtig)
- Luftfilterung im Nahbereich der Städte

und industrieller Ballungsräume wie Linz und Wien.

Unbedingt hinzuzufügen wäre noch die steigende Bedeutung der Flußauen als

- Trinkwasserreserven für den wachsenden Bedarf. (Tragische Interessenkonflikte wie zwischen der Ölindustrie und der Wiener Trinkwasserversorgung mit ihren unmittelbar angrenzenden Grundwasserbrunnen müßten sich in anderen Augebieten durch rechtzeitige Raumplanung wohl vermeiden lassen.)
- „Ökozellen": Große Bedeutung haben alle mit Gewässern durchsetzten Lebensräume („Feuchtbiotope" – engl. „Wetlands") als Zufluchts- und Regenerationsraum für eine überaus artenreiche, vielfältig interessante Tier- und Pflanzenwelt.

Biotopschutz – Ensembleschutz des Lebendigen

Der Wildtierforscher Antal Festetics pflegt die Absurdität behördlicher Naturschutzpraktiken durch folgendes Beispiel darzustellen: Wenn ein Gymnasiast einen Laubfrosch oder Salamander fürs Terrarium nach Hause tragen will, kann er wegen des Fanges geschützter Tiere verhaftet werden. Wenn ein Bürgermeister eine ganze Tümpellandschaft trockenlegt, zuschüttet und planiert, ist's eine Großtat für den Fortschritt, obwohl er damit die Lebensgrundlage Tausender Tier- und Pflanzenarten ein für allemal vernichtet, wodurch die Landschaft unwiederbringlich verarmt.

Eine Studie aus Bayern kommt zum Ergebnis, daß von den 649 höheren Tierarten der BRD fast jede zweite an Feuchtgebiete gebunden ist – und zwar 13 Prozent der Säuger, 46 Prozent der Vögel, 23 Prozent der Reptilien und alle 16 Lurch- und 150 Fischarten. Anders ausgedrückt, heißt dies, daß größere Feuchtbiotope die Artenvielfalt einer Region verdoppeln können.

Ihre Bedeutung für das Überleben bedrohter Arten ist überragend: 73 der insgesamt 89 in der BRD existenzbedrohten Vogelarten haben hier ihre letzten Überlebensräume. 55 höhere Pflanzenarten sind direkt vom Aussterben bedroht, wenn nicht genügend Moore, Sumpf- und Streuwiesen erhalten werden können. Für Österreich gilt dies alles in ganz ähnlicher Weise. In einer Dürreperiode wie im Sommer 1976 waren die Feuchtgebiete für viele Tiere die letzte Überlebenschance in einer ausgedörrten, entwässerten Produktionslandschaft.

Jeder Ökologe weiß jedoch, daß gerade höhere Glieder der Lebensgemeinschaft – wie etwa Greifvögel – sehr große Areale zur Sicherung eines ausreichenden Beuteaufkommens benötigen (auch Greifvögel leben vom „Zuwachs"). So benötigt ein Mäusebussardpaar 2–4 km^2 (200–400 ha), ein Habichtpaar sogar 30–50 km^2 (3000–5000 ha) reich strukturierten Lebensraumes.

Sollen die Auwälder ihre Rolle als Refugien vieler Greifvogelarten behalten, so erfordert dies die Sicherung zusammenhängender, wenigstens durch „ökologische Brücken" untereinander verbundener größerer Areale. Isolierte kleine „Auwaldschöpfe" vermögen Raubtieren keine Basis mehr zu bieten, was zum Wegfall dieser ökologischen Regulatoren führt. Da sie aber eine Funktion als natürliche Seuchenpolizei und Gegenspieler kleiner Nagetiere, Reptilien u. a. m. erfüllen, führt ihr Wegfall unter Umständen zur Explosion einzelner Tierarten und zu weitreichenden Verschiebungen des Artenspektrums. Die Absolutgröße eines Ökosystems wirkt sich also auf seine qualitative Zusammensetzung aus. Allgemein gilt: Je kleiner man Ökosysteme werden läßt, umso artenärmer werden sie – und umso labiler wird damit ihr biologisches Gleichgewicht. Sie werden mit sinkender Lebensvielfalt aber auch immer uninteressanter als „Erlebnisraum".

Freilandlabors und grüne Bildungsstätten

Die bayerische Studie über Feuchtbiotope stellt fest, daß sich an ihnen „die Gesetzmäßigkeiten und Grundlagen der Ökologie relativ leicht erkennen lassen". Sie sind deswegen ein unentbehrliches und unentgeltliches Freilandlaboratorium der Umweltforschung. Aus ähnlichen Überlegungen haben die Österreichischen Bundesforste der Akademie der Wissenschaften ein Stück Auwald in der Lobau zur Verfügung gestellt. Man unternimmt dort u. a. Versuche zur Wiedereinbürgerung von Bibern. In der Sowjetunion und auch in Bayern setzt man die Hoffnung in diese interessanten Nager, sie könnten durch ihre Dammbauten den Wasserhaushalt ganzer Gebiete verbessern, nachdem den Technikern durch Flußbegradigungen und häßliche Betongerinne („Rennstrecken für das Wasser") eine ebenso kostspielige wie gefährliche Entwässerung und Austrocknung der Landschaft „unterlaufen" ist.
Heute bestehen daher auch Pläne, zusätzliche Wassermengen in die Altwässer der Lobau einzuspeisen, wovon nicht nur Pflanzenwelt und Fischerei profitieren würden. Eine solche Grundwasseranreicherung läge auch im Interesse der Wiener Trinkwassergewinnung.

Wege zum Naturverständnis

Seit jeher zieht es Jugendliche ans Wasser mit seiner reizvollen Organismenvielfalt – von Pfütze und Tümpel bis zu Bach- und Seeufer. Doch während die Stadtjugend immer mehr von der Wunderwelt des Tümpels abgeschnitten wird, taucht in den Spielwarengeschäften eine wachsende Zahl trauriger „Ersatzobjekte" auf – Plastikfrösche, Aufziehschildkröten, Kautschuksalamander ... Daß heute im Zeitalter der „Verstädterung" (und dies betrifft nun auch die Landjugend) allein schon die Vermittlung von Naturerlebnissen mehr denn je zur Erziehungsaufgabe der Schulen zu werden hätte, begründete der holländische Naturparkexperte Roderkerk beim Europagespräch im Wiener Rathaus u. a. damit, „... daß die Menschen in den Großstädten so weit von der Natur entfernt und daher so wenig interessiert sind, daß es ihnen vollkommen gleichgültig ist, ob eine Pflanze oder ein Frosch noch lebt".
Wer Sumpforchideen, Feuersalamander, Eisvögel und Großlibellen gar nicht mehr kennt, der wird auch nicht protestieren, wenn man sie vernichtet. Das ist eine der Gefahren, die in der Naturentfremdung des heutigen Menschen liegen, der von einer machbaren, mechanisierten Ersatzwelt umgeben ist (in der fast alles mit Geld wiederherstellbar ist). Als weitere psychische Bedrohung sieht Konrad Lorenz den Verlust des Schönheits-

sinnes beim „technisierten Nutzmenschen“. Es ist ein verhängnisvoller Irrtum dieser Zeit, zu glauben, daß nur der Verstand geschult werden müsse.

Auch Naturempfindung und Schönheitssinn müssen geübt und entfaltet werden – wie Musikalität und Poesie. „Harmonieverständnis“ ist die gemeinsame Wurzel. Tatsächlich hat eine erlebnisreiche Landschaft zu allen Zeiten eine stimulierende Wirkung auf das künstlerische Schaffen ausgeübt. Hätte ein Franz Schubert seine Müllerin-Empfindungen an den Betonrinnen unserer Tage verspüren können, wo im „trauten Erlengrunde“ die Bächlein zu Müllkippen und Abwasserkanälen degradiert sind – oder hätte das Lied „Drunt' in der Lobau“ im Angesicht des Ölhafens entstehen können?

Naturempfinden als Nährquelle für den Schönheitssinn, Naturbeobachtung als Lehrmeisterin für unseren Verstand. Hier liegt der erzieherische Wert: Aus Freude an der Schöpfungsvielfalt entsteht Ehrfurcht vor dem natürlich Gewachsenen, von Menschenhand nicht Machbaren. „Ein guter Biologielehrer rettet heute mehr Seelen als so mancher Theologe“, pflegt Konrad Lorenz es auszudrücken. Er meint dies keineswegs antireligiös, sondern spielt darauf an, daß eine wissenschaftsgläubige Jugend manche Grundwahrheiten vom Biologen eher annimmt als vom Religionslehrer. Außerdem geht es heute mehr denn je darum, so etwas wie „Umweltmoral“ in die jungen Herzen zu pflanzen – eine ethische Dimension, die von der Kirche lange Zeit ebenso vernachlässigt wurde wie von der Gesellschaft überhaupt.

Nun ist es aber beileibe nicht damit getan, inmitten ausufernder Industriezonen ein paar einzelne Auwaldschöpfe bestehen zu lassen und dann „großzügig“ zum Naturschutzgebiet zu erklären – das dann infolge seiner Kleinheit und Labilität tatsächlich betreten werden müßte wie ein Museum: „Berühren verboten“. Damit ist unseren Kindern nicht geholfen – so viele Naturreserven müssen wir schon übriglassen, daß man auch ein paar Blumen pflücken, Disteln köpfen oder Kaulquappen für das Aquarium fangen kann, ohne sich Vorwürfe machen zu müssen. Darüber hinaus wurde ja bereits klargelegt, daß Naturschutz ökologisch nur großräumig sinnvoll ist, daß Artenschutz nur als Biotopschutz funktioniert.

Naherholung

Wendet man die heute international anerkannten Wertmaßstäbe für die Eignung von Landschaften als Erholungsgebiete probeweise einmal auf die Lobau an, stellt sich heraus, daß ein derartiger Auwald die höchsten Wertnoten überhaupt erhalten müßte. Hauptkriterien der Beurteilung sind

1. Erreichbarkeit

Wie viele Metropolen würden sich glücklich schätzen, einen Landschaftstyp, der gerne als „europäischer Urwald“ bezeichnet wird, in und an ihren Grenzen zu haben, wie dies für Wien der Fall ist. Dies hat auch eine soziale Komponente für wirtschaftlich schwache, wenig mobile Bevölkerungsteile wie Kinder und ältere Menschen, die kein Automobil haben, um jeden Sonntag unter enormer Belastung für Umwelt, Energie- und Zahlungsbilanz sowie Nervenkraft und körperliche Sicherheit als motorisierte Freizeitnomaden aus unwirtlichen Städten zu entfliehen. Leichte Erreichbarkeit nach kurzer Fahrt – möglichst mit öffentlichem Verkehrsmittel oder Fahrrad – steigert direkt den Gesundheitswert. Außerdem sind die ebenen Auen selbst gut begehbar und für Radfahrer höchst attraktiv.

2. Belastbarkeit – biologische Regenerationsfähigkeit – Vitalität

Sind für ein Erholungsgebiet besonders wichtig, damit die Besucher es nicht umbringen. Diese Forderung wird vom dichten, üppig wuchernden Auwald im hohen Maße erfüllt.

3. Unübersichtlichkeit – reiche Strukturierung – räumliche Gliederung

Ermöglichen dem Großstädter die Flucht aus der Massensituation und das ungestörte „Aufgehen in der Natur". Das Gebiet muß viele Menschen aufnehmen können, ohne daß sie einander ständig „ins Gehege" geraten. Das Gefühl, nicht ständig beobachtet zu werden, sich wenigstens vorübergehend ein „imaginäres Territorium" zu markieren, ist für die seelische Erholung des Großstädters von entscheidender Bedeutung. Die normalerweise mangelnde Möglichkeit der meisten Großstädter, sich ein eigenes Revier abzustecken (ständige unerwünschte Zwangskontakte als Streßfaktor), führt einerseits zu Gereiztheit, andererseits zu Abkapselung und Gleichgültigkeit gegenüber den Mitmenschen. Der reich strukturierte Auwald vermag hier Ausgleichsräume zu bieten.

4. Erlebnisdichte durch Abwechslungsreichtum und mannigfaltige Flora und Fauna

Wissenschaftliche Befragungen von Erholungsuchenden in Deutschland und Amerika haben ergeben, daß die höchste Eignung als Erholungslandschaft dann gegeben ist, wenn ein Höchstmaß an Mannigfaltigkeit (engl. „diversity") besteht. (Interessanterweise ist Artenreichtum auch eine wichtige Voraussetzung für ökologische Stabilität und Belastbarkeit.) Als besonders reizvoll werden „Saumbiotope" empfunden – also Waldränder, Uferzonen, Hecken und Raine. Der Wechsel von Wald und Lichtung hat einen höheren Erholungswert als der großräumig geschlossene Forst, der Mischwald einen höheren Erholungswert als düster monotone „Stangenäcker", wie sie für Fichtenmonokulturen typisch sind. Auch unter diesem Gesichtspunkt sind die Auwälder fast allen anderen Landschaften überlegen.

Erholung und Erleben

Die Bereitschaft, die Lobau und andere Auen unter Schutz zu stellen, kam nicht von selbst; sie mußte jahrelang erkämpft werden – von Wissenschaftlern, einsichtigen Kommunalbeamten und Auwaldkennern in der Bevölkerung.

So schrieb am 1. Mai 1972 Anton Klein, jener durch seine Naturschutzinitiativen bekanntgewordene Bezirksinspektor von Schwechat, der als Polizist die Schattenseiten unserer Industriegesellschaft aus eigener Anschauung besser kennt als mancher Soziologe, in einem offenen Brief an den Bundeskanzler:

„Naherholungsgebiete sind nämlich auch Erlebnisräume. Je mannigfaltiger die Fauna und Flora eines Naherholungsgebietes ist, desto mehr verdient es die Bezeichnung Erlebnisraum. Dadurch, daß man unseren Kindern echte Erlebnisräume, wie sie die

Lobau und das Überschwemmungsgebiet bisher waren, nimmt, treibt man sie dem Rauschgift und der Kriminalität entgegen. Die jungen Menschen suchen hier Ersatz für das, was ihnen die Verantwortlichen raubten: echte Erlebnisse."

Gewiß sind diese Zeilen eine Vereinfachung – aber sie treffen doch das, was auch Sozialpsychologen und Verhaltensforscher über den Naturverlust sagen.

Als besondere Verbündete im Kampf um die letzten Feuchtbiotope, stadtnahe Tümpel und Altwässer erwiesen sich immer wieder die Aquarienliebhaber. Das Aquarium als ökologisches Modell führt zum Verständnis des biologischen Gleichgewichts und zum Interesse für natürliche Kleingewässer. Welches Glück sie für aufgeweckte Kinder sein können, beschreibt Konrad Lorenz, der als Bub mit Fangnetz und Lupe durch die Donauauen streifte und hier die entscheidenden Jugendeindrücke empfing, die ihn veranlaßten, später sein Leben der „Wissenschaft vom Lebendigen" zu widmen.

„Der ganze Zauber der Kindheit hängt für mich auch heute noch an einem solchen Käscher ... aus roh gebogenem Draht den Bügel, den Beutel aus einem Strumpf, Vorhangstück oder einer Windel. Mit einem solchen Gerät habe ich mit neun Jahren die ersten Daphnien für meine Fische gefangen und dabei die kleine Wunderwelt des Süßwassertümpels entdeckt, die mich sofort in ihren Bann schlug. Der Käscher hatte die Lupe im Gefolge, diese wiederum ein bescheidenes Mikroskop, und damit war mein Schicksal unwandelbar bestimmt ... Du streifst also mit dem Käscher über die Wasserpflanzen des nächsten Tümpels hin, wobei du meistens Wasser und Schlamm in die Schuhe bekommst. Hast du den Ort richtig gewählt und einen Tümpel gefunden, in dem ‚etwas los ist', wimmelt der Grund des Netzes von glasig durchsichtigen, kribbelnden, sich windenden Wesen ... Daheim angekommen, leerst du den Fang vorsichtig in dein Aquarium und betrachtest die kleine Welt, die du nun vor Augen und Händen hast.

Das Aquarium i s t Welt."

Diese Beschäftigung mit den Eindrücken aus der umgebenden Natur, mit dem „Paradies vor unserer Tür" (wie O. Koenig es nennt), der Fang mit dem Käscher, der Blick durch die Makrolinse der Fotokamera oder die Beobachtung durchs Mikroskop können den Horizont heute mehr weiten als eine teure Flugreise nach Zentralafrika, wo einem der Kommerz-Tourismus die letzten Illusionen raubt. Unser Fortschrittsbegriff ist zu äußerlich, zu gewalttätig geworden. Angesichts eines ökologisch grenzbelasteten Planeten und einer steigenden Zahl von Streßerkrankungen und Neurosen wird Fortschritt zunehmend in einer Verinnerlichung und Verfeinerung bestehen müssen.

Die Rückbesinnung auf Naturwerte – auf eben jenes „Paradies vor unserer Tür" – wird dabei eine entscheidende Rolle spielen. Wenn bis dahin noch genügend übrig ist ... Die Menschen werden ökologisch intakte Regenerationsräume und Naturlandschaften für ihr Lebensglück benötigen, wenn sie sich nicht mehr durch wachsenden materiellen Konsum betäuben können. Man wird wieder erkennen, welche Bedeutung das kostenlose Naturerlebnis für ganze Familien haben kann ...

Spätestens dann aber wird die Stunde der Wahrheit kommen, wenn immer mehr Menschen begreifen, wieviel unersetzliche Naturwerte die wenigen Jahrzehnte stürmischen Wirtschaftswachstums ein für allemal vernichtet haben, und man wird die hinter uns liegende gedankenlose „Ära der billigen Energie" und der „unbegrenzten Rohstoffe" verfluchen.

Wertblindheit als Entscheidungshilfe?

Wie sehr die Technokratie selbst unser raumplanerisches Denken pervertiert hat, zeigt eine Berechnung im Auftrage der Rhein-Main-Donau-Gesellschaft, wonach der „Erholungswert" des oberen Donaulaufes durch Stauhaltung um 130 Millionen DM steigen (!) werde.

Die Quantifizierung des „Erholungswertes" geschah folgendermaßen: Man will an den Stauräumen und begradigten Ufern Bäder, Sportstätten und andere Fremdenverkehrseinrichtungen schaffen. Die Erholungsuchenden werden solcherart gezwungen, Geld auszugeben – und dieses repräsentiert nun den volkswirtschaftlichen Erholungswert der Kanalufer. Dadurch, daß man den gestreßten Industriemenschen dann für jeden „Freizeitkonsum" zahlen läßt, ihm selbst fürs Liegen auf der Wiese Eintrittsgeld abnimmt, kommt man auf solche Summen (die dann dem Politiker – der den Zahlen gar nicht nachgehen kann – als „exakte Argumente" auf den Tisch geknallt werden). Eine Erholung, für die man nicht bezahlen muß, besitzt volkswirtschaftlich also keinen Erholungswert, oder anders ausgedrückt: Nach dem Wertsystem jener bundesdeutschen Rechenkünstler würde der „Erholungswert" der Donauauen bei Wien derzeit durch den Umsatz dreier Würstelbuden repräsentiert! Könnte es eine bessere Illustration zu Horst Sterns berühmtem Ausspruch geben: „Es ist sinnlos, mit Technokraten zu streiten. Die kennen den Preis von allem und den Wert von nichts."

Eine ähnlich pervertierte Zahlenmentalität herrscht auch bei Planungstrupps, welche an irgendeinem Wochentag Grünräume begehen und die Wanderer zählen, denen sie begegnen. Wenn die Besucherdichte gering ist – einem also nicht dauernd Leute in den Weg kommen, urteilt die Kommission: „Gebiet wird zu wenig angenommen" und widmet es für andere Nutzungen – obwohl gerade die geringe Besucherdichte Grundlage eines hohen Erholungswertes und einer reichen Flora und Fauna bildet (die bei Überlastung durch Besucherströme rasch verarmen würde). Es ist unverantwortlich, immer mehr unreglementierte Freiräume und naturnahe Landschaften zu vernichten und dann das *Erholungsbedürfnis* der Massen auf einige wenige *Erholungsbedürfnisanstalten* zu konzentrieren und dem Diktat der Bademeister zu *unterwerfen* (nichts gegen Bademeister, wo es sie bereits gibt . . .).

Nachdem wir am technisch Machbaren scheitern, kommt die Besinnung auf das natürlich Gewachsene.

Eine Landschaft ist keine hübsche Kulisse, sondern ein kompliziertes Lebewesen, das sterben kann – unwiederbringlich, wie ein Organismus.

Eine Industriewüste wird – selbst wenn eine einsichtige Gemeinde die Flächen wieder rückwidmet – nie wieder zum Auwald, der vorher dort war, mit seiner vielfältigen Tier- und Pflanzenwelt, seiner Klimawirkung und seinen Trinkwasserreserven, seiner Funktion als Erholungs- und Erlebnisraum für ungezählte Menschen. Im Falle der stadtnahen Wiener Auen schon deshalb nicht, weil sich durch die Stromregulierung die Grundwasserverhältnisse verschlechtert haben und die jährlichen Überschwemmungen fehlen. Deshalb müssen wir für jedes Auwaldrelikt dankbar sein, das wir noch haben.

Das Konzept der *Machbarkeit* scheitert hier ähnlich wie in anderen Bereichen der menschlichen Kultur: Josef Weinheber wurde einmal von Reichspropagandaminister Goebbels forsch gefragt, was man denn „für die österreichische Dichtung machen könnte". Die Antwort Weinhebers: „In Ruah lass'n, Herr Minister, in Ruah lass'n."

Und das paßt auch auf natürliche Erholungsräume. *Kulturwerte* und *Naturwerte* kann man nicht beliebig „machen", auch nicht mit Macht und Geld. Es sind lebendige Dinge, die sterben können – unwiderruflich. Sie bedürfen der behutsamen Pflege. Es sind Entwicklungen, die wir betreuen dürfen. Gartenausstellungen – selbst wenn sie phönixgleich aus Müllhalden erstehen, können mit ihrer Verherrlichung einer „Pseudonatur im Betonkorsett" keinen Ersatz für das Erlebnis gewachsener Landschaften bieten. Seit Pharaonenzeiten hat man die Leistung eines Politikers danach beurteilt, wie sehr er imstande ist, das „Antlitz der Erde zu verändern". Der Politiker von morgen wird seine Größe nicht dadurch beweisen, daß er das Antlitz der Erde, das bald mehr Narben und Wunden hat als gesunde Stellen, noch weiter entstellt (etwa durch Brücken über den Neusiedler See, durch Verbetonieren der schönsten Alpentäler, durch Verödung der Donau zum Industriekanal oder durch Ausbau Wiens zum „Europäischen Autobahnknoten"). Der Politiker von morgen wird seine Größe dadurch beweisen, daß er schädliche Nutzungsansprüche von unserem Lebensraum fernhält. Weiß man heute noch irgend etwas von den Großbauten, Straßen und Betriebsgründungen des heute bereits legendären Reichstagsabgeordneten und Bürgermeisters von Mödling, Josef Schöffel (1832–1910)? Was ihn für Wien unsterblich macht, weshalb heute jeder Volksschüler von ihm lernt, ist, daß er wirtschaftliche Übergriffe auf den Wienerwald verhindert hat. Weder Bestechungsangebote von 50.000 Gulden noch Morddrohungen konnten ihn daran hindern, der wachsenden Millionenstadt ihren Klima- und Erholungsraum zu retten. Das hat sein Lebenswerk unsterblich gemacht.

Man hat dem Naturschutz nur allzuoft vorgeworfen, er sei eine Fortschrittsbremse. In einer Welt, die sich aufgrund der bisherigen Fortschrittskonzepte mit Riesenschritten dem ökologischen Kollaps nähert (wenn es uns nicht in den nächsten 10 Jahren gelingt, eine entscheidende Trendänderung herbeizuführen) – kann man das oberflächliche Gerede von der „Fortschrittsbremse" nur mit einem Gleichnis beantworten, das selbst der naivste Wachstumsfetischist begreift: „Jedes Auto braucht den Motor und die Bremse. Wenn der Motor ausfällt, ist es lästig, aber nicht lebensgefährlich. Wenn die Bremsen versagen, dann gibt es Tote."

Elfrune Wendelberger

Donauauen
Urlandschaft auf Abruf?

Vor den Toren Wiens, auf dem Schwemmland des großen Stromes, liegt eine grüne Wildnis, die in ihrer Ursprünglichkeit, ihrem überquellenden Reichtum an Leben nur einem tropischen Dschungel vergleichbar ist: die Donauauen. Selbst einem unbeteiligten Beobachter, etwa einem Schiffsreisenden auf der Donau, fällt dieser Wald, der die flachen Ufer des Stromes säumt, als etwas Besonderes auf: ein Wald, der so ganz anders ist als die gewohnten Laubmisch- oder gar Nadelwälder. Inmitten der jahrtausendalten europäischen Kulturlandschaft, in der kaum ein Fußbreit Boden von dem gestaltenden, verändernden, aber auch zerstörenden Einfluß des Menschen verschont geblieben ist – neben endlosen Getreidefeldern, schnurgeraden Windschutzstreifen, Hochwasserschutzbauten und begradigten Schnellstraßen liegen diese Auwälder auch heute noch gleich langgestreckten Oasen einer längst verschwundenen Urlandschaft.

Ist am Ende eines heißen pannonischen Sommers die ganze Gegend ringsum verdörrt, die Bäume verwelkt, das Gras vergilbt, so strotzen diese grünen Auen – taufrisch, üppig und gänzlich unbeeindruckt von der Dürre ringsum, nach wie vor von Vitalität. Auwald ist nämlich Wasserwald! Und das wörtlich, bedeutet Au doch auf mittelhochdeutsch einfach Wasser. Dem fließenden Wasser verdankt der Auwald seine Entstehung, seinen Bestand, und von ihm hängt seine Zukunft ab.

Dabei steht an erster Stelle das lebenspendende Grundwasser, das in einem breit gefächerten, unterirdischen Strom dahinfließt, in das die Wurzeln seiner Bäume und Sträucher tauchen und das ihnen selbst bei anhaltender Trockenheit noch üppiges Wachstum erlaubt. Das Auf- und Abschwanken des Grundwasserspiegels, das den Pegelständen des Stromes folgt, wirkt im Boden dabei wie eine Lunge, versorgt ihn mit Sauerstoff und verhindert Fäulnisprozesse.

Zum Grundwasser kommen die immer wiederkehrenden, düngenden Überschwemmungen, die nährstoffreiche Ablagerungen hinterlassen, sandige Böden gründlich durchtränken und die Altwässer neu beleben. Als

Luftfeuchtigkeit schließlich hüllt das Wasser die Au in einen Mantel aus feinsten Wassertröpfchen, macht sie im Sommer zu einem einzigen schwülen Treibhaus, dessen Decke von den gewölbten Kronen der Bäume, dessen Wände von den Sträuchern und Lianen des Waldrandes gebildet werden. Im Inneren des Treibhauses aber herrscht Windstille, denn jede Luftbewegung wird von den biegsamen Zweigen und Ranken zum Stehen gebracht. Selbst der Boden des Auwaldes ist nicht wie anderswo an Ort und Stelle entstanden. Er kommt von weit her: die Donau und ihre Zubringer haben ihn mitgebracht in Form von Schottern, Sanden und Schlamm. Nun gleicht er dem Acker, der durch die Überschwemmung regelmäßig gedüngt und bewässert wird.

Was Wunder, daß der Auwald wegen seiner Vitalität und Fruchtbarkeit, wegen seiner undurchdringlichen Dickichte und seinem Lianenreichtum gerne mit einem tropischen Urwald verglichen wird. Urwald im wissenschaftlichen Sinne ist jedoch nur ein Wald, der ohne menschliches Zutun entstanden ist und vom Menschen in keiner Weise genutzt und verändert wird. Nun sind wohl alle Auen ohne menschliches Zutun entstanden, aber die meisten von ihnen wurden oder werden doch in irgendeiner Form menschlich genutzt. Nur auf den jungen Auwaldflächen, die erst in den letzten 150 Jahren vom Wasser angetragen wurden, gibt es auch heute noch „echte Urwälder". Gerade diese ufernahen, jungen Auenteile aber fallen als erstes den Kraftwerksbauten zum Opfer. Die Ähnlichkeit mit einem tropischen Urwald ist dennoch nicht zufällig: In beiden Fällen ermöglicht der optimale, feuchte, fruchtbare Standort das üppige Wachstum einer artenreichen Vegetation und fördert die Lianen. Minimumfaktor im Auwald ist nämlich allein das Licht. Deshalb geben sich besonders sonnenhungrige Lianen nicht mit dem zufrieden, was die Großen für sie übriglassen. Auf der Suche nach einem Ausweg aus der grünen Dämmerung sind sie darauf verfallen, an den Stämmen der Bäume hochzuklettern bis in die luftigen und lichten Kronen.

Bis zur Jahrhundertwende blieben diese Auwälder weitgehend unberührt von menschlicher Kolonisierung: Siedlungen wichen ihnen aus, Straßen und Bahnen machten lieber einen Bogen um sie, und Rodungen beschränkten sich auf randnahe Teile. Nur Jäger und Fischer durchstreiften die schwer zugängliche, von zahlreichen Wasserarmen und Inseln durchzogene Wildnis. Warum verzichteten unsere Vorfahren darauf, diese ebenen, fruchtbaren und durch die Wasserstraßen sogar verkehrsgünstigen Flächen intensiv zu nutzen? Es waren die immer wiederkehrenden, oft verheerenden Überschwemmungen, die sie vor Rodungen und Zersiedlung bewahrten. Denn das nächste Hochwasser kam bestimmt und vernichtete landwirtschaftliche Kulturen, zerstörte die Häuser und hinterließ Schotter, Sand und Schlamm.

Manchmal kam es wohl auch vor, daß der Strom nach einer großen Flut seine Richtung änderte, eine Stromschlinge abschnitt, sodaß nach dem Zurückgehen der Fluten ein neuer Wasserlauf den Auwald durchzog, während Altarme, Tümpel und Sümpfe sein ehemaliges Bett ausfüllten. Das hatte ein Ende, als mit der Donauregulierung vor etwa hundert Jahren der Strom durch Steinwürfe und

Dämme in ein dauerndes, festes Bett gezwungen wurde. Als man aus den vielfach verzweigten Armen einen Hauptstrom auswählte, die anderen stillegte, als man die größten Stromschlingen durchstach und begradigte.

Für die damalige Zeit mit ihren begrenzten technischen Hilfsmitteln war das ein gigantisches Unternehmen, das uns heute noch Respekt abnötigt. Die Gefahr der verheerenden Überschwemmungen, die weit in das besiedelte Hinterland hineinreichten, war dadurch gemildert worden, und die damals modern gewordenen Dampfschiffe konnten nunmehr gefahrlos auf der gebändigten Donau talab und talauf fahren.

Nachteilig wirkte sich die Regulierung allerdings auf den Auwald aus: Die nur mehr bei Hochwasser durchströmten Arme verlandeten und verschlammten, der Donau war es verwehrt, ihren Lauf zu verlegen, es entstanden keine neuen Ufer mehr, und damit konnte auch kein neuer Auwald mehr entstehen. Wo Stromschlingen durchstochen und das Gefälle verstärkt wurde, sank das Grundwasser. Hinter dem Hochwasserschutzdamm, der im Bereich von Wien unmittelbar am Strom und weiter unten quer durch die Au gezogen wurde, kam es zu Vertrocknungserscheinungen im abgedämmten Teil.

Immerhin ging man bei diesen gewaltigen Arbeiten vergleichsweise behutsam vor, beschränkte sich auf kleine Stromkorrekturen, vor allem im Raum Wien, und ließ Auwald und Altwässer als natürliche Rückhaltebecken unangetastet. So konnte der Auwald trotz dieses einschneidenden Eingriffes überleben, seine wichtigsten ökologischen Voraussetzungen, strömendes Grundwasser und regelmäßige Überschwemmungen, waren erhalten geblieben.

Schaut man von oben, etwa von der Höhe des Braunsberges, auf das letzte zusammenhängende Auwaldgebiet an der Donau, so erscheint es uns als eine einheitliche grüne Wildnis. Dabei ist der Auwald alles andere als einheitlich, sondern ungewöhnlich vielgestaltig. Seit Urbeginn ist er ja einem steten Wandel unterworfen, der durch die Regulierung zwar eingeschränkt, aber keineswegs zum gänzlichen Stillstand gekommen ist. Immer noch wird einmal hier ein Stück Land weggerissen, woanders wieder angeschwemmt, verlandet hier ein Altwasser und wird ein anderes durchgerissen und ausgeräumt, immer noch entstehen mitten im Strom neue Inseln. So gibt die Kraft des Stromes der Au eine besondere Dynamik und schafft immer noch neuen Lebensraum für Pioniergesellschaften.

In der Au überschneiden sich außerdem noch mehrere, ganz verschiedene Lebensräume: So grenzt der unterholzreiche, dichte Laubwald an träge fließende Altarme oder stehende Altwässer, wird unterbrochen von Wiesen und weiten Sümpfen, ja ist oft kleinräumig verzahnt mit Trockenrasen und offenem Dornbuschgelände. Dazu kommt der ganz anders geartete Lebensraum des fließenden Stromes mit seinen langen Kontaktzonen zwischen Wasser und Land, mit seinen zeitweilig überronnenen Schotterbänken, seinen weidenbestandenen Inseln, seinen steinigen Ufern und stillen Buchten.

Die Vielgestaltigkeit des Auwaldes ist aber auch Ausdruck seiner unterschiedlichen Entwicklung. Wir unterscheiden an der Donau drei große Entwicklungsreihen: die Aufschüttung innerhalb des Strombettes auf Schotter, die Anlandung entlang der langsam fließenden Arme auf Sand und die Verlandung stehender Altwässer.

Eine Insel entsteht

Am eindrucksvollsten kann man an Hand der Aufschüttung beobachten, wie aus dem Wasser selbst ein neuer Auwald entsteht: Zumeist an der Innenseite der Flußkrümmungen, wo das Wasser merklich langsamer fließt und an Schleppkraft verliert, läßt der Strom einen Teil seiner unterirdischen Fracht liegen, und eines Tages steigt eine neue Schotterbank aus dem Wasser und liegt nackt und kahl und blendend weiß in der Sonne. Die Wasservögel haben sie gleich entdeckt: im Morgengrauen stehen Reiher darauf, Krähen und Möwen, an ihren Rändern grundeln Enten, Uferläufer stochern zwischen den Steinen nach Genießbarem, und Kormorane spreiten ihre Flügel in der Sonne zum Trocknen aus. Aber dann schwillt der Strom wieder ein wenig an, und schon ist die Bank wieder überronnen und untergetaucht, verschwunden, als wäre sie nie da gewesen. Doch der Schein trügt, unter der Wasseroberfläche ist sie noch da, ein Hindernis, an dem sich die Strömung bricht und weiteren Schotter ablädt. Beim nächsten Niedrigwasser bleibt sie daher schon längere Zeit an der Oberfläche, in einem trockenen Jahr vielleicht sogar einen ganzen Sommer lang. Irgendwann einmal aber taucht sie zu einer Jahreszeit auf, in der die Luft voll ist von den Samen der Weiden und Pappeln, die sogleich auf dem feuchten Boden zu keimen beginnen. Der Bewuchs bremst nun bei jeder weiteren Überflutung die Strömung und filtert Sand aus dem Wasser. Vor allem die Purpurweide bildet bald einen dichten Buschwald, der ganze Sanddünen aus dem Wasser kämmt, sodaß die Insel nun auch schon bei Mittelwasserstand nicht mehr überflutet wird. Mit zunehmend günstigeren Lebensbedingungen beginnt die baumförmige Silberweide die Strauchweiden zu überwachsen, und aus dem Purweidenbusch entsteht in kurzer Zeit eine Silberweidenau. Hat allerdings ein Katastrophenhochwasser eine besonders hohe Schotterbank aufgeworfen, die später nicht mehr so oft überflutet wird, so daß nur eine dünne Sandschicht abgelagert wurde, so übernimmt die trockenheitsertragende Schwarzpappel die Führung, überwächst die Weiden, und es entsteht eine trockene Schwarzpappelau.

Einen Sonderfall in der Entwicklung stellen die Heißländen dar, die aus der trockenen Schwarzpappelau dann entstehen, wenn diese durch die Regulierung hinter dem Hochwasserschutzdamm zu liegen kommen und nicht mehr überschwemmt werden. Wenn dann, wie in der Lobau bei Wien, das Grundwasser außerdem noch sinkt, daß es selbst die Schwarzpappeln mit ihren Wurzeln nicht mehr erreichen, so beginnen sie wipfeldürr zu werden und sterben ab. An ihre Stelle treten dann verschiedene trockenheitliebende Sträucher wie Weißdorn, Sanddorn, Kornellkirsche, Liguster, mosaikartig verzahnt mit einem überaus artenreichen, bunten Trockenrasen. Dieser Trockenrasen beherbergt eine Reihe seltener Orchideen und bietet seltenen Schmetterlingen, wie dem Osterluzeifalter und dem Ordensband, noch Lebensraum, trotz seines landschaftlichen

Reizes aber handelt es sich um ein Degradationsstadium der fruchtbaren Au.

Versandende Altarme

Ähnlich, aber wesentlich weniger hart ist der Lebenskampf der Pioniergesellschaften auf den flachen Sand- und Schlammbänken, die bei niedrigem Wasserstand die träge fließenden Donauarme säumen. Die feuchten Sandbänke sind geradezu das ideale Keimbett für die zahllosen Weidensamen, die Wind und Wasser dort antragen. Deshalb werden sie auch sehr rasch von einem bürstendichten Anflug besiedelt, der bei jeder Überflutung neuen Sand aus dem Wasser filtert, sodaß sich der Standort sehr rasch hebt. Sehr bald beginnt die Silberweide wieder die gleichfalls gekeimten Strauchweiden zu überwachsen, und es entsteht eine tiefe Weidenau, in der die Silberweide konkurrenzlose Alleinherrscherin bleibt, weil keine andere Holzart die immer noch langanhaltenden und hohen Überflutungen ertragen könnte. Eine Strauchschicht fehlt, in der Krautschicht sind es nur eine Handvoll feuchtigkeitsliebender Arten, die diesen extremen Bedingungen gewachsen sind: Sumpfvergißmeinnicht und Kriechender Hahnenfuß, Wasserpfeffer und Sumpfkresse, Straußgras und Blut-Ampfer. Jede weitere Überschwemmung aber hebt diese Tiefe Weidenau ein Stück höher aus dem Wasser heraus, allmählich wird es den Sumpfpflanzen zu trocken, und an ihre Stelle treten Brennessel und Brombeere, rankt der Hopfen, wagt sich als erster Strauch der Rote Hartriegel heran. Oft innerhalb der ersten Baumgeneration hat sich eine völlig andere Pflanzengesellschaft entwickelt, die Hohe Weidenau. Aber auch die Zeit der Silberweide ist bald um, Grauerle und Silberpappel beginnen sie zu unterwandern und durch Beschattung zu verdrängen.

Im Gefolge der Grauerle kommen Traubenkirschen und Holunder, allmählich ist auch der Boden bereitet für eine anspruchsvolle, humusliebende Krautschicht: Taub- und Goldnessel, Gundelrebe und Geißfuß, Veilchen und Hohe Schlüsselblume. Im Frühling ist oft der ganze Bestand dicht bedeckt von den spinatgrünen Blättern des Bärlauch. Den ersten Frühlingsaspekt gestalten die Schneeglöckchen, die massenhaft durch das Fallaub des Vorjahres stoßen und gleich nach der Schneeschmelze ihre Blütenglöckchen entfalten.

Ging die Entwicklung von der Sandbank bis zur Erlenau relativ rasch, so verläuft sie immer langsamer, je höher der Bestand über dem Niveau der Überschwemmung liegt. Motor der Entwicklung sind ja die Hochwasserablagerungen, und diese werden immer geringer, je kürzer und je niedriger der Bestand überflutet wird. Die Grauerlenau hat daher Zeit, sich zu einer optimalen, beherrschenden Waldgesellschaft zu entwikkeln. Wurde noch in der Hohen Weidenau kaum gebildeter Humus wieder begraben, so gelingt es nun dem Bodenleben, die reichlich anfallenden organischen Substanzen zu verarbeiten. Die Wurzeln der artenreichen Baum-, Strauch- und Krautschicht bauen immer neue Kanäle und Tunnels in die Tiefe. So reifen die jungen, rohen Anschwemmungen des Stromes allmählich zu fruchtbarem, lockerem, humosem Boden, der für die Erlenau so charakteristisch ist.

Gerade in dieser Waldgesellschaft entfaltet

der Auwald eine ganze, beinahe tropische Üppigkeit: Lianen ranken wie im Urwald bis in die Kronen der Bäume, undurchdringliches Strauchwerk versperrt den Weg, modriger Duft steigt aus der dicken Laubschicht am Boden auf. Die Erle selbst trägt ganz wesentlich zur Fruchtbarkeit dieses Standortes bei, weil sie seinen Stickstoffvorrat mehrt. Stickstoff, obwohl in der Luft zu vier Fünftel vorhanden, ist für die meisten Pflanzen auf direktem Weg nicht nutzbar. Im Boden hingegen ist er oft Mangelware, und da er für den Eiweißaufbau der Pflanzen unentbehrlich ist, bestimmt sein Gehalt im Boden entscheidend dessen Fruchtbarkeit. Die Erle allerdings ist hinsichtlich des Stickstoffes Selbstversorgerin: sie hilft sich durch eine raffinierte Wurzelsymbiose mit einem Strahlenpilz, der in knöllchenförmigen Auswüchsen an ihren Wurzeln lebt und in der Lage ist, den Stickstoff der Luft zu binden und ihn in das wasserlösliche Nitrat umzuwandeln. Über die verrottenden Blätter der Erle gelangt dann der Stickstoff immer wieder in den Boden, und sie läßt auf diese Art auch andere Pflanzen, ja die ganze Waldgesellschaft teilhaben an ihrem Reichtum. Bald faßt die immer stickstoffhungrige Esche in der reichen und fruchtbaren Erlenau Fuß und baut mit der Erle zusammen einen vielschichtigen, harmonischen Bestand auf, in dem sie wohl die Oberschichte beherrscht, in dem aber noch Raum bleibt für Grauerle und Traubenkirsche, für Holunder und Liguster, für Hartriegel und Schneeball.

Die unterste Etage bedeckt schließlich noch eine artenreiche und anspruchsvolle Krautschicht, zu der sogar eine Orchidee zählt: die Waldhyazinthe. In den östlich gelegenen Donauauen im Bereich des pannonischen Klimas wird die Grauerle ganz oder teilweise von der Silberpappel vertreten, die hier konkurrenzkräftiger ist, während sich an der übrigen Artenzusammensetzung der Waldgesellschaft kaum etwas ändert.

Waren bis jetzt fast ausschließlich die Überschwemmungsablagerungen verantwortlich für die Entwicklung, so reift nun der Boden, wird dunkler, humoser, vielleicht sinkt das Grundwasser auch, weil der Strom sich eintieft – kurz, der Standort verändert sich abermals, und mit ihm die Vegetation. Nur

tief wurzelnde Holzarten, wie Eiche, Eschen und Ulmen, können sich auf den zunehmend trockener werdenden Böden behaupten. Den Weiden ist es schon lange zu trocken geworden, auch die flach wurzelnden Grauerlen verschwinden allmählich, desgleichen die Silberpappel. Nach den beherrschenden Hartholzarten wird diese Waldgesellschaft Harte Au genannt im Gegensatz zur Weichen Au aus Weiden, Pappeln und Erlen.

Verlandende Altwässer

Ganz anders als die rasche, stürmische Entwicklung auf Schotterinseln und Sandbänken verläuft die Verlandung stehender Altwässer. Ein Menschenleben ist zu kurz, um das direkt zu beobachten, aber die ringförmigen Vegetationszonen, die das Altwasser umschließen, sprechen für den Kundigen eine deutliche Sprache. So ein Altwasser ist überhaupt eine kleine Welt für sich, eine Wunderwelt, verschwiegen und verträumt, oft kilometerweit vom Ufer entfernt und doch in einem geheimnisvollen Zusammenhang mit dem lebendigen, fließenden Strom. Jede Wasserstandsschwankung, etwa das Steigen im Frühjahr oder während der Schneeschmelze oder das Fallen im Spätherbst, macht es, wenn auch verzögert und gebremst, getreulich mit. Der unterirdische Strom des Grundwassers speist es und läßt es im gleichen Rhythmus pulsieren, nur etwas phasenverschoben, weil es eine Weile dauert, bis das Wasser durch die vielfachen Schlamm- und Schlickschichten durchgedrückt wird oder wieder versickert. Manche Autümpel sind so seicht, daß sie im Spätherbst und Winter oft völlig austrocknen, aber daran sind seine Bewohner angepaßt: Mit Hilfe von Brutknospen, unterirdischen Sprossen oder Samen überdauern sie im Schlamm, bis das Schmelzwasser im Frühling sie zu neuem Leben erweckt. Auweiher allerdings, wohl ehemalige Kolke des Stroms, sind so tief, daß sie das ganze Jahr über Wasser behalten.

Abgesehen von dem unterirdischen Strom des Grundwassers, haben die Altwässer nicht mehr viel Gemeinsames mit ihrem großen Urheber. Von ihm abgeschnitten und zum Verlanden verurteilt, entfalten sie ein ganz andersartiges Leben, werden Zuflucht für eine Vielzahl heimlicher Geschöpfe. Sie sind die eigentlichen Kostbarkeiten eines Auwaldes, Oasen der Wildnis in unserer nützlichkeitshörigen Zivilisationswüste.

Waren es auf den Schotterinseln und Sandbänken vor allem die Hochwasserablagerungen, die den Standort veränderten, so trägt bei den verlandenden Armen die Vegetation selbst maßgeblich dazu bei, das Wasser allmählich zu verdrängen. Dazu tragen selbst die winzigen, schwebenden Lebewesen bei, die zu Tausenden jeden Wassertropfen bevölkern: die formlosen Amöben, festsitzenden Trompetentierchen, zarten Glockentierchen, sternförmigen Sonnentierchen, schiffchenförmigen Pantoffeltierchen und zierlichen Grünalgen. Wenn sie sterben, sinken ihre Leichen zu Boden und erhöhen Schicht für Schicht den Schlammgrund.

Wesentlich mehr als diese Winzlinge tragen noch die höheren Wasserpflanzen zur Verlandung bei. Im tiefen Wasser sind es die Unterwasserpflanzen, wie Tausendblatt, Hornblatt und verschiedene Laichkräuter, die einen versunkenen Teppich aus schwankenden Ranken weben und Jahr für Jahr sehr viel organische Substanz produzieren. Wird das Wasser seichter, so folgt die Zone der Schwimmblattpflanzen, die am Grunde des Altwassers wurzeln und deren Blätter an der Wasseroberfläche schwimmen. Dazu gehört etwa die gelbe Teichrose, deren Blätter oft lückenlos aneinander anschließen, oder das schwimmende Laichkraut. Dazwischen liegen jene Wasserpflanzen, deren Blätter wohl fein zerschlitzt und untergetaucht leben, deren Blüten sich aber ins Licht und zur Sonne erheben. Eine Wiese voll weißer, duftender Blüten treibt so der Wasserhahnenfuß, der nährstoffreiche Auweiher bevorzugt. Eine blaßrosa Primelblüte schickt die fiedrig zerteilte Wasserfeder ans Licht; kommt sie massenhaft vor, liegen ihre zarten Blüten wie ein rosa Schleier über dem dunklen Wasser. Die interessanteste Pflanze der Auweiher aber ist der Wasserschlauch, dessen hübsche, gelbe Blütentraube über dem Wasser leuchtet. Unter Wasser hat er lange Stränge, dicht mit fein zerschlitzten Blättern besetzt, auf denen merkwürdige Bläschen sitzen. Hebt man einen solchen Strang aus dem Wasser heraus, so platzen diese Bläschen mit leisem, aufeinanderfolgendem Knattern, weil der äußere Luftdruck größer ist als ihr Innendruck. Wollen wir diesem merkwürdigen Gewächs auf seine Schliche kommen, müssen wir wohl eine Lupe zu Hilfe nehmen. Damit sehen wir dann, daß die Bläschen keineswegs rundum geschlossen sind, sondern ein mit steifen Haaren umkränztes Ventil besitzen. Stößt nun ein Wasserfloh oder eine Mückenlarve an dieses Ventil, öffnet es sich nach innen, und der Saugstrudel des einströmenden Wassers reißt das Opfer in das Bläschen hinein. Dann sondert die Pflanze eiweißverdauende Fermente ab, die den kleinen Gefangenen in aller Ruhe verdauen.

Im seichten Wasser geschützter Buchten baut der Tannenwedel einen Miniaturwald aus kleinen Tannenbäumchen auf. Unter Wasser sind seine Blätter lang und weich, wächst er in den Luftraum hinaus, werden sie zusehends straffer, kürzer und dichter.

Warum wohl so viele Wasserpflanzen derart fein zerschlissene Blätter ohne einheitliche Oberfläche haben? Weil das Wasser sie trägt, können sie auf feste Formen verzichten, vergrößern dadurch ihre Oberfläche maximal, was den Gasaustausch sehr erleichtert. Im Gegensatz zu den Landpflanzen benötigen sie ja keinen Verdunstungsschutz und brauchen nicht den Stürmen standzuhalten.

Am Rande der Gewässer sind die Überwasserpflanzen zu Hause, etwa der Froschlöffel, dessen Blätter an Löffel erinnern und dessen Blütenstand mit kleinen rosa Blütchen geschmückt ist, oder der Igelkolben, der im schlammigen Wasser wurzelt und dessen Früchte putzigen kleinen Igeln ähneln. Pfeilförmige Blätter und dreizählige weiße Blüten hat das Pfeilblatt, das mit walnußgroßen, stärkereichen Knollen im Schlamm überwintert, während die übrige Pflanze verfault.

An die Zone der Überwasserpflanzen schließen die auffallenden Höcker der Bultsegge an, zwischen denen noch immer das Wasser steht, dann folgt das Röhricht, das in der Au meist nur als schmaler Saum ausgebildet ist, und dahinter stehen schon hoch und schlank die ersten Weiden. Anders als auf den konkurrenzfreien Sandbänken fällt es den Weiden hier, zwischen Ried und Schilf, wesentlich schwerer, Fuß zu fassen. Meist erst nach einem anhaltenden Hochwasser, das eine dicke Schlammschicht hinterläßt, gelingt es ihnen, in Gruppen und Grüppchen aufzukommen. Dazwischen grünt ein zarter Straußgrasrasen, breitet das Sumpfvergißmeinnicht seinen tiefblauen Teppich aus, leuchten die Blüten der gelben Sumpfschwertlilie. Wochenlang ist diese Verlandungsweidenau noch überflutet, auch ohne Überschwemmung steht das Grundwasser häufig bis zur Oberfläche und füllt die Poren des Bodens aus. Selbst der wassergewohnten Silberweide ist die Gegend fast zu naß, und sie wächst auch nur verhältnismäßig langsam. Hochwasserablagerungen und vermodernde Pflanzenteile sowie die Tätigkeit des Bodenlebens verändern allmählich jedoch auch hier den Standort, sodaß auch andere Holzarten, die Grauerle und die Silberpappel, eindringen können. Wie in der ganzen Verlandungsreihe verläuft die Weiterentwicklung sehr langsam. Allmählich aber wird auch hier der Boden reifer, dunkler und humoser, sodaß die Holzarten der Hartholzau, Eiche, Ulme und Esche gedeihen können.

So sind die Endgesellschaften der drei Entwicklungsreihen einander sehr ähnlich, so verschieden auch ihre Pioniergesellschaften auf Schotter, Sand und Schlamm waren.

Von der Tierwelt des Auwaldes

War bis jetzt nur von der Pflanzenwelt des Auwaldes die Rede, so wird sie noch übertroffen von einer unglaublichen, artenreichen Tierwelt. Die Vegetation ist ja die Daseinsgrundlage für die vielen Klein- und Kleinstlebewesen, die wiederum den Großen und Größeren zur Beute werden. So ist die Au schlechthin der ideale Lebensraum für die meisten Vögel. Nicht nur das Nahrungsangebot ist beinahe unbegrenzt, auch Wohnungssorgen haben sie kaum: Alte Schwarzpappeln und Kopfweiden, sparriges Gebüsch und Dornsträucher, Schilf und Brombeerranken halten für die unterschiedlichsten Ansprüche die passenden Nistplätze und Verstecke bereit. Schließlich ist auf den flachen Schotterbänken des Stromes oder am Rande der Altarme immer Gelegenheit zum Trinken und Baden gegeben, was den Wohnkomfort vervollständigt. Zudem ist der große Strom auch Zugstraße für viele Durchzügler und Aufenthaltsort für eine ganze Reihe von Wintergästen aus dem hohen Norden. Wollte man daher alle Vögel aufzählen, die hier brüten oder durchziehen, so käme eine beinahe vollständige Liste der heimischen Vogelwelt zustande. Was sich nämlich in Gärten und Parkanlagen, in lichten oder verwachsenen Wäldern, in Hecken und dichten Gebüschen, an fließenden oder stehenden Gewässern herumtreibt, das lebt auch oder erst recht in der Au.

Eine Spezialität des Auwaldes ist die Beutelmeise, die als einziger Zugvogel unter den anderen Meisen und Scheinmeisen, die im Auwald leben, schon im zeitigen Frühjahr von ihrer Südlandreise zurückkehrt. Ihr birnenförmiges Nest hängt sie am liebsten an die äußersten Zweige von Weiden und Pappeln, die am Rande von Altwässern und Gräben stehen. Dabei turnt sie in einer Art Riesenwelle immer wieder um den glatten Zweig herum und umwickelt ihn mit den zähen Fasern vorjähriger Hopfenranken. An diese

Grundwickelung knüpft sie dann eine tragfähige Hängematte, baut diese zu einem Art Henkelkörbchen aus, das, zuletzt rundum geschlossen und mit seitlicher Einschlupfröhre versehen, an dem Weidenzweig schaukelt. Um das kunstvolle Gebilde aber auch noch wind- und wetterfest zu machen, wird es mit der Samenwolle der Weiden und Pappeln rundum ausgestopft, sodaß kein Regen und kein Sturm der Kinderwiege etwas anhaben können.

Die Laubsänger wiederum – es gibt drei Arten davon im Auwald – bauen ein überdachtes „Backofennest" am Boden, in dem die Jungen in zwei bis drei Etagen dachziegelförmig übereinander sitzen. Ein ausgesprochener Auwaldvogel ist auch das Blaukehlchen, das mit Vorliebe im Weidengebüsch, am Ufer von Altwässern und am Rande verschilfter Tümpel brütet. Es ähnelt in der Gestalt einem hochbeinigen Rotkehlchen, nur sitzt anstelle des orangebraunen ein leuchtendblauer Fleck mit einem weißen Stern auf seiner Brust. Eine nahe Verwandte des Blaukehlchens ist die berühmte Nachtigall, wohl die beste Sängerin des Auwaldes. In windstillen, lauen Maiennächten kann man ihren schluchzenden Gesang bis nach Hainburg hören, wenn das Wasser den Schall von der gegenüberliegenden Au bis zur Stadt am Strom hinüberträgt. Bezeichnend für die weiten, oft versumpften Auwiesen ist der Kiebitz, der sehr früh, manchmal liegt noch der Schnee, aus seinem Winterquartier zurückkehrt. Der hübsche Vogel mit dem charakteristisch aufwärts gebogenen Schopf vollführt einen abenteuerlichen Balzflug, bei dem er laut sein namengebendes Kiwitt ruft. Kommt jemand seinen Eiern, die er ohne Umstände einfach auf den Boden gelegt hat, zu nahe, geht ein unheimlicher Spektakel los. So lange stürzen sich die Kiebitze – die Nachbarn eilen zu Hilfe – auf den tatsächlichen oder vermeintlichen Nesträuber, quieken und quarren gellend, bis dieser gutwillig das Feld räumt. Auf beweideten Auwiesen mit einzeln stehenden alten Bäumen kann man auch noch den beigefarbenen Wiedehopf mit den schwarzweiß gebänderten Flügeldecken antreffen. Mit seinem langen, gebogenen Schnabel stochert er mit Vorliebe in vertrockneten Kuhfladen nach Larven.

Auweiher und Autümpel sind hingegen Heimstadt der Schwimm- und Sumpfvögel. Hier ziehen in Verborgenheit und Stille die verschiedenen Entenarten ihre flaumigen Kücken groß, hier brütet das schieferschwarze Bläßhuhn und das kleinere, rotstirnige Teichhuhn, hier baut der Zwergtaucher sein schwimmendes Nest in den hängenden Zweigen des Ufergebüsches. Der auffallendste und schönste Vogel der Altwässer aber ist der beinahe tropisch bunte Eisvogel. Von einer fixen „Warte" aus, einem Pflock oder Ast, kippt er blitzschnell mit angelegten Flügeln in die Flut und taucht meist wenig später, tropfensprühend, mit einem Fischlein im Schnabel wieder hoch. Wenn er mit hellem Pfiff und schwirrendem Flug knapp über der Wasserfläche dahinfliegt, während die Sonne sein prachtvolles Gefieder stahlblau und smaragdgrün, goldgelb und rostrot aufleuchten läßt, gleicht er wahrhaftig einem fliegenden Edelstein. Seine Jungen zieht der kleine Königsfischer in einer geräumigen Wohnhöhle groß, die er am Ende einer armlangen Röhre in das kiesige Steilufer eines Altarmes gräbt.

Im Schilf wetzt der Drosselrohrsänger sein rauhes Lied. Ist er auch kein großer Sänger, so ist er doch ein hervorragender Baumeister, der sein korbförmiges Nest so ins Schilf hängt, daß er die Halme des wachsenden Rohrs in die Kinderwiege mit einbezieht. Eine Meisterin der Tarnung hingegen ist die Rohrdommel, die bei Gefahr mit senkrecht emporgerecktem Schnabel erstarrt und dann von einem Schilfhalm nicht zu unterscheiden ist.

Geradezu die Symbolgestalt der Donauauen ist jedoch der Graureiher, der noch in wenigen Kolonien in den Wipfeln alter Schwarzpappeln oder Eichen brütet. Früher von den Fischern aus Beuteneid verfolgt, leidet er heute zunehmend unter der Wasserverschmutzung und schleichenden Vergiftung. Wie der Mensch ist ja auch er ein Endglied in der Nahrungskette, in dem sich die Mengen der aufgenommenen Schadstoffe konzentrieren. Mangelnder Bruterfolg, hervorgerufen durch zu dünnschalige Eier, soll auf einen überhöhten DDT-Gehalt zurückgehen ... Haben ihn früher die Fischer direkt verfolgt, seine Horste zerstört und ihn abgeschossen, so macht ihm jetzt die Vielzahl der Fischer, die beinahe rund um die Uhr die Altarme belagern, das Leben streitig. Reiher sind scheu! Feiertage mit pausenloser Beunruhigung an ihren Nahrungsquellen sind Fasttage für sie. Ein verlängertes Wochenende im Mai kann dazu führen, daß die Jungen im Horst verhungern, weil die Altvögel einfach nicht in der Lage sind, genügend Futter heranzuschaffen. Nur mehr als Gast kommt ohnedies der blendendweiße Silberreiher in die Donauauen; ebenso wie die kleineren Purpurreiher und Nachtreiher brütet er am Neusiedler See und kommt in die Donauauen nur auf Besuch.

Die große ornithologische Kostbarkeit ist jedoch der scheue Schwarzstorch, der in den Marchauen, vor allem im Niemandsland hinter dem Eisernen Vorhang, brütet und von dort aus seine Streifzüge in die Donauauen unternimmt. In allerjüngster Zeit ist auch wieder ein streng geheimgehaltener Horst in den Donauauen gemeldet worden. Im Gegensatz zum häufigeren Weißstorch, der meist im Bereich von menschlichen Siedlungen auf Hausdächern und Rauchfängen brütet, ist der Schwarzstorch ein ausgesprochener Baumbrüter, der nicht in Kolonien brütet, sondern im Wald versteckt seine Einzelhorste baut. Wie alle „Kulturflüchter" ist er extrem gefährdet und steht ganz oben auf der roten Liste der vom Aussterben bedrohten Vogelarten.

Noch vor 20 Jahren galt auch der Kormoran geradezu als ein Charaktervogel der Stromlandschaft. Zu Hunderten brüteten die großen schwarzen Vögel in den Donauauen, tauchten nach Fischen oder saßen auf den unbewachsenen Schotterbänken wie die leibhaftigen Wappenvögel, wenn sie ihre nassen Flügel zum Trocknen abspreizten. Heute brütet kein einziger Kormoran mehr auf österreichischem Staatsgebiet! Die Brutkolonien wurden zerstört oder gingen beim Bau von Kraftwerken verloren, wie etwa die letzte an der Ennsmündung. Auf den Abschuß der Altvögel wurden noch nach dem Zweiten Weltkrieg Prämien ausgesetzt! Nur mehr zur Zugzeit kann man Kormorane an der Donau sehen, und gelegentlich kommen sie auch als Sommergäste bis an die oberösterreichische Donau, tauchen im strö-

menden Wasser nach Fischen und trocknen sich an ihren alten Rastplätzen die Flügel.
Auch bei den Greifvögeln ist ein erschrekkender Rückgang der Artenvielfalt zu beobachten: Der Fischadler ist ausgerottet, Seeadler kommen nur mehr als Wintergäste zu uns, wenn die große Zahl der Durchzügler aus dem hohen Norden und die angeschossenen Enten ihnen genügend Beute liefern. Ihr Brutvorkommen ist erst in den letzten Jahren erloschen! Ein typischer Greifvogel des Auwaldes ist der Schwarze Milan. Schon im März kommt er aus dem Süden zurück und läßt sein wieherndes Häh-hihihi hören. Seinen Horst baut er gerne hoch oben in die Krone schlanker Eschen und benützt, wenn möglich, ein Krähennest als Unterlage. Berühmt ist er für seinen Paarungsflug, bei dem Männchen und Weibchen einander scheinbar angreifen und ineinander verkrallt zur Erde trudeln. Erst knapp oberhalb des Bodens lösen sie sich, steigen ruckweise wieder empor und wiederholen das Spiel.
Ein sehr seltener Brutvogel dieser östlichen Donauauen ist der Würgfalke. Weil er schneidig auch weit größere Vögel angreift, etwa Wildenten und Fasane, war er früher als Beizvogel sehr geschätzt, was zu seiner Dezimierung beigetragen haben dürfte. Gleichfalls nur mehr selten brütet die Rohrweihe in den dichten Schilfbeständen. Wenn sie flach über das Röhricht dahinstreicht, ist kein Bläßhuhn, kein brütender Teichrohrsänger vor ihr sicher; sie frißt aber auch Frösche, Mäuse und Schlangen. Eine rein nächtliche Jägerin und deshalb nicht so leicht zu beobachten ist die Waldohreule, die man an ihren steil aufgestellten Federohren erkennen kann. Im Gegensatz zu den gleichfalls häufig im Auwald anzutreffenden Waldkäuzen und Steinkäuzen ist sie keine Höhlenbrüterin, sondern nistet in alten Krähen- oder Elsternnestern, gelegentlich sogar am Boden. So bietet die Au dem Vogelfreund zu jeder Jahreszeit, ja zu jeder Tages- und Nachtzeit eine Fülle von Eindrücken und Gelegenheit für die unterschiedlichsten Beobachtungen. Hätten wir sonst keine Gründe, allein als Refugium für die Vogelwelt müßte die Au erhalten bleiben.

Paradies für Frösche

Im Feuchtbiotop Auwald mit seinen vielen Tümpeln und Weihern ist auch noch Lebensraum für die beiden am meisten gefährdeten Tierklassen: für Amphibien und Reptilien. Die Trockenlegung der Sümpfe und Moore sowie die intensive Landwirtschaft mit chemischem Großeinsatz hat viele Arten an den Rand des Aussterbens gebracht. In der Au haben sie – noch – ein Refugium gefunden. An Nahrung fehlt es ihnen in dieser üppigsten Lebensgemeinschaft Mitteleuropas nicht, ihr Tisch ist reich gedeckt mit Nacktschnecken, Insekten und Larven. Besonders die Erdkröten kann man im zeitigen Frühjahr auf ihren Paarungswanderungen in großer Zahl beobachten, wenn der erste laue Regen sie aus ihren Schlupfwinkeln gelockt hat. In manchen Tümpeln brodelt es richtig von Kröten, die sich hier zur Massenhochzeit zusammengefunden haben, und in der Umgebung der Altwässer trifft man immer wieder auf einander huckepack tragende Kröten: Manche Männchen besteigen nämlich schon auf ihrer Wanderung zu den

Laichgewässern ein Weibchen und lassen sich von ihm bis zum Laichplatz tragen. In den Donauauen treffen sich um die Paarungszeit Tausende von Kröten, und während der kurzen „Flitterwoche“ wird Tag und Nacht gebalzt und gelaicht. Die Scharen von Kaulquappen finden dann ihre Liebhaber unter den Molchen, Ringelnattern, Fischen und Vögeln, sodaß der Bestand einigermaßen konstant bleibt.

Noch vor den Erdkröten erscheinen die braunen Springfrösche an den Laichgewässern; da sie es nicht wie die Kröten alle gleichzeitig tun, fällt ihre Hochzeit weniger auf. Unüberhörbar hingegen sind die hochzeitlichen Gesänge der beiden Grünfroscharten, der Seefrösche und der Teichfrösche. Bis tief in den Sommer hinein durchtönt ihr auf- und abschwellender Gesang die Nächte, rauh und melodisch zugleich, wie vielstimmiges, fernes Glockengeläut. Beim Quaken schließt der kleine Musikant Mund und Nasenlöcher ganz fest, zieht den Bauch ein und preßt die Luft in die Mundhöhle, bis die Kehle sich weitet und in den Mundwinkeln zwei kugelrunde weiße Schallblasen anschwellen. Ein kurzes Öffnen der Nasenlöcher, und unter Quakquaak ziehen sich die Schallblasen wieder zusammen. Leiser und wohlklingender als der etwas aufdringliche Gesang der Grünfrösche sind die dunklen, schwermütigen Rufe der scheuen Rotbauchunke, die sich durch ein giftiges Hautsekret und durch grelle Warnfarbe vor Freßfeinden schützt. Viel seltener als die Erdkröte ist die grüngefleckte Wechselkröte, die wie ein Singvogel trillert, und nur in der Nacht wandert die Knoblauchkröte zu ihrem Laichgewässer.

Ganz speziell an das Baumleben angepaßt ist hingegen der Laubfrosch, seine Saugnäpfe an den Fingern und Zehennägeln machen ihn zum wahren Klettermaxe unter den Fröschen. Zur Paarung muß aber auch er zu den Brutgewässern herabsteigen, und dann geht es hoch her um die wenigen Weibchen, die sich einer Überzahl von 20 bis 30 Männchen gegenüber sehen. Beim Balzgesang der Männchen bildet die kehlseitige und unpaare Schallblase den Resonanzkörper.

Das zeitige Frühjahr ist auch die Laichzeit von Teichmolch und Donaukammolch, die auf dem Land überwintert haben und nun dem Wasser zustreben. Die Paarung verläuft einigermaßen kompliziert: Die Männchen setzen das Samenpaket am Gewässerboden ab, von dort wird es von den Weibchen mit der Kloake aufgenommen, wo es die austretenden Eier befruchtet. Die besamten Eier befestigt das Weibchen dann geschickt an den Blättern von Unterwasserpflanzen. Quellen die Tümpel auch über von amphibischem Leben, so ist doch dafür gesorgt, „daß die Bäume nicht in den Himmel wachsen“. Störche, Reiher und Käuze nähren sich von ihnen, und ganz besonders die elegante Ringelnatter hat es auf sie abgesehen. Erwischt sie auch die Laubfrösche nur zur Paarungszeit, so sind die grünen Wasserfrösche doch ihr tägliches Brot. Manchmal dauert es mehrere Stunden, bis sie so einen großen Frosch überwältigt hat, und der arme Kerl klagt laut dabei, wenn er lebendig verschlungen wird. Danach haben seine Gefährten wohl eine Weile Ruhe vor der Schlange, denn unförmig angeschwollen bleibt sie träge im Schilf liegen, bis der große Brocken verdaut ist. Ist sie satt, können ihr die Frösche buchstäblich auf der Nase herumhüpfen, im Gegensatz zum

Menschen tötet sie nämlich nur aus Hunger. Die Schlingnatter hingegen liebt die Trokkenheit und nährt sich hauptsächlich von Mäusen und Eidechsen; von ihr droht den Fröschen keine Gefahr.
In Anbetracht ihrer akuten Gefährdung stehen alle Lurche und Kriechtiere unter strengem Naturschutz. Das heißt, es ist strafbar, auch nur ein einziges Exemplar zu fangen, zu töten oder im Käfig zu halten. Beim Bau des geplanten Kraftwerkes Hainburg aber würde ihr gesamter Lebensraum zerstört, der Lebensraum für viele Tausende Individuen von Fröschen, Kröten, Schlangen und Molchen. Und das, obwohl Österreich das Ramser Abkommen zum Schutz der Feuchtbiotope mit ausdrücklicher Nennung der Donauauen bei Hainburg unterzeichnet hat.

Dorado der Jäger

Seit den Zeiten Maximilians I. hat der sagenhafte Wildreichtum der unteren Donauauen immer wieder gekrönte Häupter und andere Mächtige dieser Welt angezogen. Besonders die Habsburger hielten in den Auwäldern, die so nahe bei ihrer Residenz lagen, prunkvolle Hofjagden ab. Prachtvolle Schlösser wie Niederweiden, Schloßhof, Orth und Eckartsau zeugen noch von dieser Glanzzeit des Adels. Von Kronprinz Rudolf ist bekannt, daß er ein feinsinniger Naturbeobachter und begeisterter Ornithologe, von Thronfolger Franz Ferdinand, daß er ein pathologischer Schießer war, der in seinem Leben 5000 Hirsche erlegte! Begehrtestes Wild der Donauauen war und ist der Rothirsch, den wir hier in einer eigenen Rasse antreffen, dem Auhirsch. Aber außer dem König der Wälder, der durch unvernünftige Überhege viel Schaden an den Wäldern anrichtet, leben im Auwald natürlich auch noch Rehe und Hasen, Sauen und Füchse, Dachse, Iltisse, Steinmarder und Wiesel. Ausgerottet wurden der Biber, der Edelmarder und der Fischotter. Derzeit ist man bemüht, den Biber wieder einzubürgern, was gar nicht so einfach ist. Wildfänge sind schwer zu haben, Zootiere können sich in der Regel in der freien Natur nicht halten, Jungtieren fehlt gerade bei den gesellig lebenden Bibern das Vorbild und der „Rat“ der Alten. Wieviel Können, Mühe und Geduld ist erforderlich, um – vielleicht – einen Schaden wiedergutzumachen, der aus Geldgier und Gedankenlosigkeit einmal angerichtet worden ist. Was werden unsere Nachfahren einmal von uns denken?
Zwischen Schilf und Rohrkolben fallen uns an den steilen Ufern der Altarme zahlreiche Löcher auf, die knapp unter der Wasseroberfläche liegen. Es sind die Eingänge zu den unterirdischen Bauten der Bisamratten, Fremdlingen aus Nordamerika, die vor 80 Jahren in einem Teich bei Prag ausgesetzt wurden und sich inzwischen über ganz Mitteleuropa ausgebreitet haben. Ein wenig ähneln diese putzigen Nager in Aussehen und Lebensweise den ausgerotteten Bibern: sie bauen Erdbauten oder Burgen, sind Pflanzenfresser, haben einen wertvollen, wasserdichten Pelz und verbringen ihr Leben größtenteils im Wasser. Im Winter allerdings, wenn Mangel an Wasserpflanzen herrscht, werden von den Bisamratten auch Muscheln und Schnecken gerne verspeist, deren Schalen dann säuberlich angehäuft vor

den Eingangslöchern der Bauten liegen. Auch die Bisamratten werden wegen ihres Pelzes sehr verfolgt, und die Fischer sagen ihnen noch zu Unrecht nach, daß sie Fische fressen; im Gegensatz zu den Bibern gelingt es ihnen aber sehr gut, zu überleben.

Gelegentlich kann man im Halmwald ein kunstvolles Kugelnest finden, nicht größer als eine Kinderfaust. Haben wir Glück, so läßt sich die langschwänzige Zwergmaus blicken, wenn sie unglaublich flink zwischen Binsen und Schilf heranturnt und dabei ihren Wickelschwanz zum Klettern benutzt. Wie ein Miniatureichkätzchen sitzt sie beim Fressen aufrecht, hält zwischen den Händchen eine Grasrispe oder sonst etwas Genießbares fest, Käfer oder Köcherfliegen, Triebspitzen und Samen, sie ist gar nicht wählerisch. Zwergmäuse sind die kleinsten Nager Europas, winzig klein und flink wie sie sind, verstecken sie sich so gründlich, daß nur der Zufall sie entdeckt. Von mäuseartigem Aussehen, aber durchaus nicht mit ihnen verwandt, sind auch die Spitzmäuse. Wasserspitzmaus und Waldspitzmaus bewohnen gerne die Ränder der Altwässer, hausen im Ried und Schilf. Obwohl zur Ordnung der Insektenfresser gehörend, fressen sie alles, was ihnen in die Quere kommt, vom Käfer bis zum Frosch, vom Regenwurm bis zur jungen Zwergmaus. Ein ständiger Heißhunger scheint sie zu plagen, täglich vertilgen sie mehr als ihr eigenes Körpergewicht.

Bei unserem Streifzug durch die Donauauen sind uns von fast allen Tierklassen arten- und individuenreiche Vertreter begegnet. Das trifft natürlich auch auf die Insekten zu, von denen noch nicht einmal alle erforscht sein dürften. Eine Insektengattung aber kennt jeder, der einmal im Sommer in den Donauauen weilte: die Stechmücke. Beinahe ist sie das Wappentier der Augewässer und bekräftigt den Eindruck eines Dschungels in dieser Landschaft. Zahlreiche Arten verschiedener Gattungen verleiden einem im Sommer den Aufenthalt in den Auwäldern, bis der erste Reif dieser Mückenplage ein Ende macht. Dabei ist nicht jedes Jahr auch ein Mückenjahr! Erst ein Sommerhochwasser mit nachfolgenden warmen Tagen beschert uns die Bevölkerungsexplosion dieser Plagegeister. Wo das Hochwasser in den Senken und Vertiefungen Tümpel und Pfützen hinterlassen hat, dort entstehen die Brutstätten für diese Landplage. Die unangenehmsten Gattungen entwickeln sich nämlich nur in den zeitweise wasserführenden Tümpeln, wo die Mückennachkommenschaft ungefährdet von Fischen, Fröschen und Raubkäfern heranwachsen kann. Ihre Larven bewegen sich mit schlagenden Krümmungen ihres Körpers zur Oberfläche empor, wo sie sich, mit dem Kopf nach unten, festheften. Ein unbenetzbarer Haarkranz an der Mündung der Atemöffnung hilft ihnen dabei, die Oberflächenspannung des Wassers auszunützen. Immerhin sind die Stechmücken durch ihre tagelang juckenden Stiche nicht nur eine Plage, sie filtern das Wasser auch und tragen dazu bei, es sauber zu halten. Bis zu einem Liter Wasser kann eine einzige Mückenlarve täglich filtrieren!

Über dem Altwasser schwirren im reißenden Flug farbenprächtig schillernde Libellen. Auf gleißenden Flügeln jagen sie dahin, die Schlankjungfern und Wasserjungfern, die Vierflecke und die großen Teufelsnadeln. Mehr als ein Drittel aller in Österreich heimischen Libellenarten kommen in den Donauauen bei Hainburg vor, als Spezialität auch die sehr seltene Mosaikjungfer. Dabei sind die schönen Geschöpfe gefährliche Räuber, vor denen keine Fliege, kein Falter, kein Flugkäfer sicher ist, buchstäblich in der Luft wird er zerrissen. Sind schon die erwachsenen Libellen gefräßig und räuberisch, so erst recht ihre Larven. Als häßliche, borstenbewehrte Ungetüme lauern sie im Schlamm und überfallen alles, was sich bewegt: Mückenlarven und Kaulquappen, Fischbrut und selbst kleine Frösche und Molche. Eines Tages aber kriechen sie mühselig einen Pflanzenstengel hoch, bleiben unbeweglich sitzen und warten, bis die Rückenhaut platzt und ein schöneres Wesen aus der Larvenhülle kriecht. Langsam pumpt es die glashellen, zitternden Flügel auf, Stunden vergehen, dann ist es endlich soweit, mit einem Ruck schwingt sich die Libelle hinauf in ein neues Leben im Sonnenlicht.

Von den riesigen Auwäldern, die noch vor wenigen Jahrzehnten den Strom vor allem in seinem Mittel- und Unterlauf begleiteten, ist bis heute eine einzige Auen-Urlandschaft unversehrt erhalten geblieben – das Gebiet zwischen Wien und Hainburg mit seinem unvergleichlichen landschaftlichen Reiz, mit seinem überquellenden Reichtum an Pflanzen und Tierarten. Zusammen mit den anschließenden Auenwäldern der March sollte es als Donau-March-Auen-Nationalpark für alle Zukunft gesichert werden. Aber die fertigen Pläne dafür liegen in der Schublade. Höchst aktuell sind hingegen die Pläne der Energiewirtschaft, die nun auch noch nach diesem letzten Stück unberührter Stromlandschaft greift und es wie alle anderen abdämmen, ausbaggern, zerstückeln und zerstören will. Ein Monsterkraftwerk soll quer durch dieses Auengebiet gebaut werden und der grünen Wildnis ein für allemal ein Ende machen. Morgen schon könnten die Bagger über dieses Dschungelparadies hinweggehen und es in eine trostlose Mondlandschaft verwandeln.

Wozu brauchen wir eigentlich den Auwald?

Wir haben an anderer Stelle schon einmal zitiert, was Prinz Bernhard der Niederlande, damals Präsident des World Wild Life Fund, anläßlich der Eröffnung des Schutzgebietes Marchauen über Auwälder im allgemeinen und über den Auwald der Donau im Wiener Becken im besonderen zu sagen hatte, und wollen aus guten Gründen noch einmal auf seine Ausführungen zurückkommen. Nach dem Hinweis, daß Auwälder zu den artenreichsten natürlichen Lebensgemeinschaften gehören, sagte er weiter: „... Sie reinigen durch biologische und mechanische Prozesse das Wasser der Flüsse. Wenn wir in westlichen Teilen Europas die Auwälder in dem Zustand erhalten hätten, in denen sie heute noch im Wiener Becken sind, wären unsere Flüsse reiner und schöner geblieben. Statt dessen gehören sie zu unseren größten Sorgenkindern, für die wir jährlich Millionen ausgeben müssen, nicht um sie wirklich zu heilen, sondern nur, um noch schlimmeren Katastrophen vorzubeugen. Als Holländer kann ich sagen, warum unsere Landsleute so traurig sind, daß sich das Rheinwasser in eine stinkende Brühe verwandelt hat. Wir besingen den Rhein nämlich nicht in Gedichten, wir müssen sein Wasser trinken.“

Wer die Stadt Wien „an der schönen blauen Donau“ vom Osten her anfliegt, der könnte vielleicht diesen Blick auf den Strom haben: Dicht umgibt der Auwald Altwasserarme, drängt an den offenen Strom heran und hat sich auch schon auf der Schwalbeninsel ansiedeln können. Mit dem Kraftwerksprojekt ist die Stadt Hainburg, zwischen Braunsberg und Donau gelegen, ins Gespräch gekommen. Vor der Brücke, die ins Marchfeld führt, liegt Bad Deutsch Altenburg. Der berühmte Kurort bangt um seine Heilquellen. Durch das Kraftwerk könnte das gesamte Grundwassersystem verändert werden. Das Projekt würde ein weit größeres Stück Aulandschaft verschlingen, als auf dem Foto zu sehen ist.

Wenn Schnee und in manchen Jahren das Hochwasser die Augen freigeben, schieben die Schneeglöckchen ihre Triebe durchs braune Laub und bescheren der Au das erste Blütenkleid. Reservestoffe, in den Zwiebeln der Pflanze gespeichert, ermöglichen das frühe Austreiben (Seite 90). Wenige Wochen später bedeckt der Bärlauch den Waldboden und verströmt seinen starken Knoblauchgeruch, wenn die Sonne durch das junge Laub fällt (Seite 92 oben). Etwas später im Jahr steht der Einfache Igelkolben im schlammigen Wasser (Seite 92 links unten). Im Trockenrasen der Heißländen blüht das Helm-Knabenkraut (Seite 92 rechts unten).

Eine Seltenheit der Donau- und Marchauen ist die Sommerknotenblume (Seite 94 oben). Die weißblühende Seerose zählt nicht so wie die gelbblühende Teichrose zu den Urbewohnern der Auen (Seite 94 unten). Zwischen ihren tellergroßen Blättern leuchtet der Wasserhahnenfuß mit duftenden Blüten über dem dunklen Altwasser auf (Seite 95).

In der Au überschneiden sich ganz verschiedene Lebensräume. Der dichte Laubwald umschließt stehende und träge fließende Altarme, aber auch kleine Wiesenstücke und Sümpfe, umgrenzt Trockenrasen- und Dornbuschgelände (Seite 93).

Der Auwald wird wegen seines unwegsamen Dickichts gern mit tropischen Urwäldern verglichen. Urwald entsteht im wissenschaftlichen Sinn ohne menschliches Zutun. Solche Wälder sind hier in den letzten 150 Jahren gewachsen. Gerade diese Flächen würden als erste dem Kraftwerksbau zum Opfer fallen.
Ringförmige Vegetationszonen umschließen die Altwässer. Ein Menschenleben reicht nicht aus, um die Verlandung zu beobachten. Oft kilometerweit vom Stromufer entfernt läßt sich ein geheimnisvoller Zusammenhang beobachten. Etwas phasenverschoben ereignet sich jedes Steigen und Fallen des fließenden Stromes auch innerhalb dieser Zone, die der unterirdische Lauf des Grundwassers speist. – In dichten Gruppen stehen die gelben Schwertlilien beisammen, deren Pracht meist nur der Bootsfahrer bewundern kann.

Die flachen Sandbänke sind das ideale Keimbett für Weidensamen, die von Wind und Wasser angetragen werden. Der bürstendichte Anflug filtert bei jeder Überflutung neuen Sand aus dem Wasser, und der Standort gewinnt bald ein höheres Niveau. Bald überwächst die Silberweide die Strauchweiden und bleibt für lange Zeit vorherrschend, denn keine andere Baumart erträgt die langanhaltenden Überflutungen.
Zu den ganz speziellen Vogelarten der Auwälder zählt die Beutelmeise (Seite 98 links oben). Sie kehrt als eine der ersten ihrer Art aus dem Süden zurück. Ihr birnenförmiges Nest flicht sie an Ruten und Ranken, die weit übers Wasser ragen. Ein typischer Auwaldvogel ist das Blaukehlchen (Seite 98 links unten). Es ist ein naher Verwandter der Nachtigall, deren wundervoller Gesang noch allenthalben in den Auwäldern zu hören ist und früher bis nach Hainburg zu vernehmen war. Ebenfalls selten geworden ist der Pirol, genauso typisch für diese Landschaft wie der Eisvogel. Beides Arten, deren meiste Verwandte Tropenbewohner sind (Seite 98 rechts oben).

Der Zwergtaucher baut sein schwimmendes Nest im Röhricht (links oben). Ältere Auliebhaber erinnern sich noch, daß der Kormoran früher zu Hunderten in der Au brütete und fischte. Seit seine Brutkolonien überall zwischen Enns und March zerstört worden sind, kann man ihn nur hin und wieder als einsamen Sommergast antreffen (rechts oben). Die Sumpfschildkröte zählt bei Fachleuten keineswegs zu den Ureinwohnern der Auen. Die scheue Sonnenanbeterin taucht beim geringsten Geräusch ins schlammige Wasser.
Ähnlich wie die Frösche lauert auch der gelbblühende Wasserschlauch auf allerlei Insekten, denen er unter Wasser kleine Fallen stellt.

Aus Beuteneid verfolgten früher die Fischer die Reiher. Heute haben die eleganten Vögel durch die Lärmbelästigung zu leiden. Der Purpurreiher (rechte Seite) brütet am Neusiedler See und kommt nur auf seinen ausgedehnten Beutezügen in die Auen. Die meisten Greifvogelarten sind ausgerottet. Der Schwarze Milan (links oben) ist berühmt für seinen Paarungsflug. Der Seeadler (rechts oben) ist einer der seltensten Gäste geworden.

Die Weiden besiedeln schon festen Boden, das Schilf zählt zu den Vorposten der allmählichen Verlandung. Die stehenden Gewässer beherbergen über und unter dem Wasserspiegel vielfältige Pflanzengesellschaften. Zwischen den Höckern der Bultsegge steht noch das Wasser.

Wo die Au am tiefsten ist, verbringen junge und kapitale Hirsche die heiße Tageszeit im Wasser (Seite 106). Undurchdringlich wird hier das Dickicht, wenn Wild- und Waldreben bis in die Kronen der Bäume hinauf wuchern. Armdicke Lianen umschließen die Baumstämme und erinnern an tropische Urwälder. Alles in dieser Zone strebt zum Licht und kämpft ums Überleben, und am hellen Stromufer müssen sich die Bäume mit weitverzweigten Wurzelstöcken festhalten, um nicht immer wieder von den Fluten weggerissen zu werden.

Der blendendweiße Silberreiher zählt zu den Gastfischern der Donauauen (oben). Graureiher oder Löffler lassen sich nur auf geduldigen Pirschgängen beim Fischen erspähen.

Heinz Löffler

Die fast verlorene Landschaft: Neusiedler See und Seewinkel

Nur 45 km vom Stephansdom in Wien und kaum 50 km von der östlichen Alpenbastei Schneeberg entfernt liegt Österreichs tiefste Senke bei rund 113 m Seehöhe, überflutet vom silbergrauen Wasser des Neusiedler Sees. Der erste Anblick dieses seichten, kaum 180 cm Tiefe überschreitenden Sees und des östlich anschließenden, rund 450 km² einnehmenden Seewinkels vom „Tabor", der Burgruine in Neusiedl, oder vom Leithagebirge aus drängt dem Besucher Vorstellungen von der Weite der Ungarischen Tiefebene auf, deren westlichen Vorläufer unser Gebiet darstellt. Ein Grenzland, ein Raum, in dem Pflanzen und Tiere der Alpen und des pannonen Tieflandes einander begegnen. Wer vor dreißig Jahren diesen Rundblick genoß, wußte um einen landschaftlichen Reichtum, wie er sich in Europa nicht so bald wieder findet. Heute ist diese Urlandschaft in einen Archipel von Inseln zersplittert, deren größte der Neusiedler See ist. Das östlich davon gelegene, durch Entwaldung und Beweidung entstandene Steppenland ist durch die starke Ausdehnung des Weinbaues nach dem Zweiten Weltkrieg auf karge Reste zusammengeschmolzen.

Das Klima dieses pannonen Tieflandes ist durch die höchste Jahresmitteltemperatur in Österreich – über 10° C –, durch geringe Niederschläge von rund 600 mm und darunter sowie hohe sommerliche Sonnenscheindauer geprägt. Lange winterliche Nebel und Bewölkung tragen zur geringen Anzahl von Frosttagen (weniger als dreißig) bei, und eine Vegetationszeit von mehr als 250 Tagen sowie zeitiger Frühjahrsbeginn begünstigen die Landwirtschaft, vor allem Gemüseanbau und Rebkultur. Besonders aber zeichnet sich unser Gebiet durch die hohe Windhäufigkeit aus, die dem winterlichen Eissegeln und dem sommerlichen Segelsport zugute kommt.

Der Neusiedler See und die meisten der noch vorhandenen „Lacken" des Seewinkels – dreißig von ihnen wurden seit der Jahrhundertwende trockengelegt oder zubetoniert – sind durch erhöhten Salzgehalt ausgezeichnet, zumeist Natriumkarbonat, das alkalischen Charakter bedingt. Dies ist eine Erinnerung an das tertiäre Meer, das Salzhorizonte in den mächtigen Sedimenten des Gebietes hinterließ. Hauptsächlich entlang von geologischen Bruchlinien gelangen Salze an die Oberfläche und bedingen die Existenz von Salzlacken und Salzböden, die zur Mannigfaltigkeit des Bodenmosaikes im Seewinkel beitragen. Durch intensive Landwirtschaft sind freilich viele ehemalige Salzstellen – auch im Bereich von Wien – verschwunden, und mit ihnen salzliebende Pflanzen und Tiere. Der Neusiedler See, den man noch um die Jahrhundertwende als einen Rest des Tertiärmeeres, später als Donau-Schlinge betrachtete, ist in Wahrheit eine

relativ junge, kaum 13.000 Jahre alte Wanne, die durch tektonische Einsenkung entstand. Im Vergleich dazu haben die Becken der Voralpenseen ein weitaus höheres Alter, wenngleich auch ihre Existenz als Gewässer mehrfach durch die Gletscher der Eiszeit unterbrochen wurde. Aber auch so entwikkelten sie sich in ihrer gegenwärtigen Form um vier- bis fünftausend Jahre früher als der Neusiedler See. Ebenso haben viele der Lakken des Seewinkels sehr wahrscheinlich ein viel höheres Alter; sie lassen sich auf Eislinsen („Pingos") des eiszeitlichen Dauerfrostgebietes in diesem Raum zurückführen. Vergletscherungen traten erst viel weiter westlich in den Alpen auf.

Die Geschichte von Österreichs tiefster Mulde weist ein wechselvolles Geschick von Austrocknungen und Wasserhochständen mit Seeflächen von über 500 km² auf. Ursprünglich abflußlos – der künstliche Abfluß („Einserkanal") wurde erst zu Beginn unseres Jahrhunderts fertiggestellt –, entwässerte der See zu Zeiten von Hochständen über den südöstlich anschließenden Hanság (Waasen), sehr wahrscheinlich einen Vorläufer unseres Sees, den die Ungarn Fertö To (Sumpfwasser) nennen. Dieser Hanság entwickelte sich zu einem riesigen Niedermoor und Marschland, das im vergangenen Jahrhundert für seine unglaublich reiche Vogelfauna berühmt war und nach dem Zweiten Weltkrieg endgültig durch Trockenlegung, Torfbrände und anschließende landwirtschaftliche Nutzung vernichtet wurde. Ein winziger Rest mit sterbenden Moorbirken wird als Standort der Großtrappe (Otis tarda) bewahrt . . .

Es mag mit Perioden solchen Überfließens gegen Raab und Donau in Zusammenhang stehen, daß fallweise die Bezeichnung „Flumen Ferteu" für den Neusiedler See im Gebrauch war. Die letzte von wahrscheinlich hundert bis zweihundert Austrocknungen des Sees erfolgte vor rund 115 Jahren, und es bestanden damals ernste Pläne, die Seefläche landwirtschaftlich zu nutzen. Schlechte Bodenqualität und rasch ansteigendes Wasser ließen dieses Vorhaben scheitern. Doch ist es überhaupt ein Wunder, daß der See gegenwärtig noch vorhanden ist. Da gab es Projekte, ihn trockenzulegen oder in Karpfenteiche zu gliedern. Selbst an Reiskulturen dachte man, ehe seine große Bedeutung für den Fremdenverkehr in den Vordergrund aller Überlegungen trat. Und sogar dann noch wurde eine Seebrücke geplant, deren Bau der Empörung weiter Bevölkerungskreise wegen schließlich unterblieb. Und die Idee, einen Seetunnel zu bauen, wagte man nicht mehr der Öffentlichkeit vorzulegen.

Trotzdem kam es im Jahre 1965 zu einem schwerwiegenden Eingriff in den Wasserhaushalt des Sees, als man beschloß, den Seepegel durch eine entsprechende Maßnahme an der Schleuse des Einserkanales auf einer bestimmten Höhe zu halten. Damit sind einerseits die Pegelschwankungen auf ein Minimum von rund 40 cm reduziert, andererseits liegen nun große Teile des rund 150 km² umfassenden Schilfgürtels trocken, die an der Selbstreinigung des Sees, wie noch zu zeigen sein wird, nicht mehr teilhaben. Eine Änderung dieses Zustandes ist jetzt kaum noch möglich, da seit einiger Zeit Einrichtungen des Fremdenverkehrs und landwirtschaftliche Flächen in das ehemalige Seebecken vorgerückt sind, in jenes Becken

also, das den gesamten Schilfgürtel mit umfaßt.
Nicht jedes Jahr ist der Neusiedler See eisbedeckt; ist es aber der Fall, bietet sich dem Wanderer die scheinbar unbegrenzte Weite einer Polarwelt. Risse im Eis und Sumpfgasaustritt können freilich winterliche Spaziergänge auf dem zugefrorenen See gefährden. Bei Eisgang können Stürme Eisstöße bis zu über 10 m Höhe auftürmen, die dann mit zerstörender Gewalt gegen das ansteigende Ostufer branden: dort haben sie im Verlauf der Jahrtausende den sogenannten Seedamm geformt, der von Weiden bis Illmitz reicht, hauptsächlich aus Sand besteht und altes Weinbaugebiet ist. An der Basis dieses Dammes fanden sich römerzeitliche Gegenstände, die für das Alter des vom See her geformten Walles zeugen. Durch den Seedamm wurden wohl auch die meisten der an seiner Ostabdachung befindlichen Lacken angestaut, die demnach zu den jüngsten Gewässern des Gebietes gehören.
Mit dem fortschreitenden Frühjahr nimmt die Wassertemperatur rasch zu, um dann während des Sommers Werte über 30° C zu erreichen, was durchaus tropischen Verhältnissen entspricht. Tropisch wirkt aber auch der Schilfdschungel, dessen frühsommerliche Mückenheere das Leben für empfindliche Besucher zur Qual machen. Wenig Trost dann, daß es wertvolle Kolonien von Silberreihern, Graureihern und Löfflern in mehreren Bereichen des Schilfgürtels gibt. Etwa Bart- und Beutelmeise oder die häufig gewordene Rohrweihe und das Weißstirnige Blaukehlchen . . . Und auch sonst beherbergt der Schilfgürtel eine Flora und Fauna, die sich grundsätzlich von jener des offenen Sees unterscheidet. Zu den prominenten Bewohnern unter den wirbellosen Lebewesen gehört der medizinische Blutegel, der in Mitteleuropa schon recht selten geworden ist.
Unsere Urlandschaft Schilfdschungel hat sich erst seit dem letzten Trockenfallen des Sees in seinen gegenwärtigen Umfang entwickelt. Perioden rascher Ausbreitung waren öfters von solchen langsamen Vordringens gefolgt. Gegenwärtig ist ein flächenmäßiger Zuwachs des Schilfes aus unbekannten Ursachen kaum zu beobachten. Es mag sein, daß der Besatz des Sees mit pflanzenfressenden Chinakarpfen in den sechziger Jahren dabei eine Rolle spielt. In Österreich werden etwa 10 Prozent, in Ungarn weit über 90 Prozent der Schilffläche geerntet, was zusammen ungefähr der Hälfte der Schilffläche entspricht. Da Reiher- und Löfflerkolonien der Altschilfbestände bedürfen, wäre eine 100prozentige Ernte von katastrophaler Bedeutung für diese Vögel. Aber auch aus anderen Gründen ist ein beschränktes Ausmaß der Schilfernte wichtig: Ist doch der Schilfgürtel ein wichtiger Faktor der Selbstreinigung des Sees, der in hohem Maße mit Nährstoffen (Phosphor- und Stickstoffverbindungen) belastet wird, die von der landwirtschaftlichen Düngung, von Siedlungsabwässern, Viehhaltungen und von den Niederschlägen stammen. Solche Belastungen führen schließlich zu überhöhtem Algenwachstum, wie dies seit einigen Jahren im Neusiedler See zu beobachten ist, trotz allem in noch immer relativ geringem Ausmaß. Häufige Winde und dadurch bedingte Seetrübe (bis zu mehr als 100 mg/Liter) dämpft nicht nur solche Algenblüten: Zusätzlich werden mit dem Trübematerial Nährstoffe durch die wind-

ausgelösten Schaukelbewegungen des Sees („Seiches“) in den Schilfgürtel verfrachtet, wo Mikroorganismen und Schilf sie aufnehmen und schließlich für immer dem offenen See entziehen. Würde man nun das Schilf der gesamten Bestandsfläche ernten, vor allem aber in Seenähe, so würde das Sediment des Schilfgürtels durch den Wind in unerwünschtem Umfang aufgewirbelt und zurück in den See verfrachtet werden. Das Schilf zu erhalten und in schonendem Ausmaß zu ernten, ist also ein dringendes Gebot.
Mit dem zunehmenden Algenwachstum haben sich auch die Algenfresser unter dem Zooplankton (im freien Wasser lebende Kleintiere) des offenen Sees vermehrt. Eine Art davon verdient besondere Erwähnung. Es ist dies der Kleinkrebs Diaptomus spinosus, ein Bewohner alkalischer Gewässer, der sonst nur noch in Vorderasien und Ungarn beheimatet ist und im Neusiedler See sein westlichstes Vorkommen hat. Wir werden auf solche Vorboten Asiens gelegentlich der Beschreibung des Seewinkels noch mehrfach stoßen. Mit dem höheren Angebot an Zooplankton tauchte im See vor einigen Jahren auch ein räuberischer Krebs, Leptodora kindti, auf, und ebenso kam es zu einer starken Zunahme des früher seltenen Sichlings (Pelecus cultratus), einer hauptsächlich von Zooplankton lebenden Fischart. Seiner Verwertung als Speisefisch stünde nichts im Wege, doch fehlt es an Interesse und der nötigen Initiative ...
Dennoch spielt die Fischerei im See eine bedeutende Rolle. Ursprünglich vorwiegend ein Karpfen- und Hechtsee – unterbrochen von einem katastrophalen Fischsterben im Jahre 1929 zufolge niedrigen Wasserstandes und extrem langer Eisbedeckung –, kam nach dem Zweiten Weltkrieg dem Zander größere Bedeutung zu. Während der letzten Jahrzehnte wurde der See hauptsächlich mit dem hier nicht heimischen Aal besetzt. Die jährlichen Besatzzahlen belaufen sich auf bis zu sieben Millionen Glasaale, Larven dieses Fisches, die vor den Küsten Westeuropas geerntet werden. Es ist derzeit umstritten, in welchem Ausmaß der räuberische Aal Schaden bei anderen Fischen und Amphibien des Schilfgürtels angerichtet hat. Bewohner der westlichen Ufergemeinden und der Sommerhäuser berichten jedenfalls, daß Frosch- und Unkenkonzerte im Schilfgürtel seit Jahren verstummt sind. Auch der schon erwähnte sehr unvorsichtige Besatz mit pflanzenfressenden Chinakarpfen in den sechziger Jahren hatte unliebsame Folgen: Innerhalb weniger Jahre verschwand der dem Schilfgürtel vorgelagerte Bestand an „Schlingpflanzen“ – Laichkraut und Tausendblatt – fast völlig. Gerade dieser Pflanzen aber bedürfen mehrere Fischarten als Laichplätze. Auch die zufolge der Pegelregulierung ausfallenden Überschwemmungen flachen Uferlandes wirken sich für manche Fische nachteilig aus: Der im Frühjahr laichende Hecht sucht bevorzugt überflutete Wiesen auf. Die natürliche Vermehrung dieses Fisches reicht nicht mehr aus, um den Bestand zu erhalten ...
Die Urlandschaft Neusiedler See, noch immer ein großartiges Panorama im Wechsel der Jahreszeiten, im Ablauf der Witterungsereignisse, ist vielfach bedroht. Mehr als zehn Prozent der Ufer sind bereits zerstört, der Massentourismus fordert seine Opfer. Nährstoff- und sehr wahrscheinlich auch Schadstoffbelastung, vor allem vom haupt-

sächlichen Zufluß, der Wulka, kurzsichtige Strategie der fischereilichen Bewirtschaftung, willkürlich ausgelöste Schilfbrände sind bedrohliche Symptome, und obwohl der Neusiedler See von der UNESCO als „Biosphere Reserve“ in Ungarn und Österreich erklärt worden ist, gibt es noch immer keine „Kern“-(Ruhe-)Zonen, wie sie in verschiedenen Bereichen des Schilfgürtels und vor allem im Südteil des Sees eingerichtet werden sollten.

Bietet die riesige Fläche des Neusiedler Sees noch immer hinreichend große Stücke ungestörter Urlandschaft, so ist die Wunderlandschaft des Seewinkels mit ihrem Boden- und Vegetationsmosaik, mit Lacken und eingestreuten Wäldchen gegenwärtig bereits auf wenige Inseln geschrumpft. Weinbau und touristische Großanlagen bedecken nunmehr ehemals wertvolle Standorte von Pflanzen und Tieren, und noch ist kaum ein Ende dieser Entwicklung abzusehen ... Die Lakken, hauptsächlich in den Gemeindegebieten von Illmitz und Apetlon gelegen, sind zum Großteil alkalisch und werden von Niederschlägen oder (und) Grundwasser gespeist. Der überwiegende Teil dieser Gewässer trocknet im Verlauf des Sommers aus und hinterläßt weiße Salzflächen, ein Anblick, der an exotische Trockenzonen unserer Erde erinnert. Wieder ist es der kleine Planktonkrebs Diaptomus spinosus, der neben anderen Arten hier die Leitform darstellt. Im Frühjahr gesellt sich dazu der mitunter mehrere Zentimeter messende Kiemenfuß Branchinecta orientalis, der hauptsächlich in Asien beheimatet ist und hier sein westlichstes Vorkommen hat. Von ihm ernährt sich der graziöse Säbelschnäbler (Recurvirostra avosetta), heimliches Wappentier des Seewinkels. Noch häufiger bekommt man den Rotschenkel (Tringa Totanus) zu Gesicht, der nach dem Kibitz (Vanellus vanellus) die häufigste Limicolen-Art des Gebietes ist. Viel seltener ist schon der Seeregenpfeifer (Charadrius alexandrinus), dessen Rückgang an den Lacken genauso wie das Erlöschen des Brutvorkommens der Zwergschwalbe (Sterna albifrons) auf das Vordringen des Schilfes in vielen Lacken zurückgeführt wird. Tausende von Rindern haben noch vor dem Zweiten Weltkrieg durch ihren Tritt das Aufkommen von Schilfpflanzen verhindert. Mit dem Ende der Weidewirtschaft ist diese natürliche Kontrolle des Schilfwachstums nicht mehr gegeben.

Eine andere Nahrungsquelle für zahlreiche Vogelarten sind die salzliebenden (halophilen) Insekten an den Ufern der Lacken, unter denen der Sandläufer Cicindela nemoralis neben kleinen Laufkäfern der Gattungen Pogonus und Dyschirius der Größe wegen auffällig ist. Viele dieser Uferinsekten sind durch die immer näher an die Lacken rückenden Weingärten und die für sie erforderlichen Spritzmittel bereits selten geworden.

Zu den großen Schauspielen des Seewinkels gehört im Vorfrühling der Durchzug der Kampfläufer (Philomachus pugnax), die überschwemmte Ufer von Salzlacken mit Meerbinsen-Beständen (Bolboschoenus maritimus) bevorzugen. Mit ihrem auffälligen Prachtkleid geben die Männchen den einzelnen Trupps – oft bis zu 3000 Vögel – ein buntes Gepräge. Noch überwältigender ist freilich der spätherbstliche Durchzug der Wildgänse (Anser fabalis und Anser albifrons). Wer je während der frühen Novem-

berdämmerung den Einfall von Zehntausenden von Gänsen ins Nachtquartier Lange Lacke erlebt hat, weiß um den unglaublichen Reichtum des Seewinkels . . .
Unter den stark im Rückgang befindlichen Amphibien ist besonders die Wechselkröte (Bufo viridis) zu erwähnen, deren melodischer, grillenartiger Chorgesang kaum noch zu hören ist. Sie toleriert auch leicht salzhältige und alkalische Gewässer sowie Salzböden.
Wir können die Besprechung der Feuchträume des Seewinkels nicht abschließen, ohne der Neusiedler-See-Wiesen Erwähnung zu tun: An sie schließen im Westen die berühmten Zitzmannsdorfer Wiesen an, Pilgerstätte für den Botaniker, benannt nach der Wüstung des Ortes Zitzmannsdorf, über welcher sie sich ausbreiten. Sie gehen im seefernen Abschnitt in Trockenrasen über. Dieses Wiesenland, das zum Großteil noch immer ungeschützt ist – mit vielfach privaten Spenden wurden hier kleine Parzellen angekauft –, beherbergt viele der floristischen Kostbarkeiten des Seewinkellandes: Hier gedeiht die Bastard-Schwertlilie (Iris spuria), hier wachsen Eiszeitrelikte wie Alpenfettkraut (Pinguicula alpina) und Weißer Germer (Veratrum album), und hier findet sich die seltene Entferntährige Segge (Carex distans). An wechselfeuchten Stellen kommt ein europäisches Unikat, der Schlitzblättrige Wermut (Artemisia laciniata), vor, der wie die Bastard-Schwertlilie als Relikt einer Warmzeit vor rund 8000 Jahren gedeutet wird. An salzreichen Stellen wachsen die im Seewinkel weit verbreiteten salzliebenden Pflanzen (Halophyten), etwa Meerstrandwegerich (Plantago maritima) und Pannonaster (Aster tripolium pannonicus), die im Herbst lilafarbene Gobelins über manchen Landstrich legt. Die Halophytenflora des Seewinkels umfaßt weit mehr als fünfzig Arten, unter denen die Salzkresse (Lepidium cartilagineum), das Kampferkraut (Camphorosma annua) und die Salzmelden (Suaeda) auf vegetationslosen Salzböden Bestände bilden.
In den trockenen Anteilen der Zitzmannsdorfer Wiesen wurzeln unter anderem Österreichischer Salbei (Salvia austriaca) und Purpurkönigskerze (Verbascum phoenicium), die im Seewinkel weit verbreitet ist. Die meisten übrigen Trockenrasen unseres Gebietes haben als vorherrschende Arten Hauhechel (Ononis spinosa) und gemeine Flockenblume (Centaurea iacea). In den Zitzmannsdorfer Wiesen fand sich bis in die sechziger Jahre die wenig giftige Wiesenotter (Vipera ursini), die inzwischen ausgestorben ist . . .
Die Trockenrasen der „Pußta“ des Seewinkels sind ebenso wie ähnliche Grasländer des pannonen Niederösterreich der Lebensraum des Ziesels (Citellus citellus), das einstmals Beutetier des Kaiseradlers und des Sakerfalken war und gegenwärtig von Marder, Fuchs und dem erst nach dem Zweiten Weltkrieg hier entdeckten Steppeniltis (Mustela eversmanni) gejagt wird . . .
Wir konnten hier nur Proben der unglaublichen Mannigfaltigkeit des Seewinkels bieten, die ihn weithin als eine der wertvollsten Landschaften Europas bekanntgemacht haben. Der Schutz dieses so leicht zerstörbaren Landes, der Reste seiner Urlandschaft sollte als nationale, ja sogar übernationale Aufgabe gesehen werden. Der Seewinkel ist eine fast schon verlorene Landschaft.

Aus dem abgetrockneten Lackengrund, der an ferne Landstriche Afrikas erinnert, sprießen erste Pflanzen. Rot leuchtet der Gänsefuß (oben).

Der hohe Salzgehalt des Bodens, der alles überkrustet, erlaubt nur wenigen Pflanzenarten das Überleben in dieser Zone. Typisch sind Zickgras und Salzkresse und das leuchtendrote Glasschmalz, das weite Flächen bedeckt. – Ein Kiebitz vergattert sein Junges.

Die groteske Haltung der Gottesanbeterin läßt das Insekt fälschlich als gefährlich erscheinen. Auch alle Arten der Libellen sind längst schutzbedürftig geworden. Ein Blick durchs Mikroskop bestätigt die unbegrenzte Artenvielfalt der Natur in den stehenden Gewässern der kleinen Seen und Lacken. Erst aus der Vogelperspektive

wird deutlich, daß die landwirtschaftliche Nutzung des Gebietes den natürlichen Lebensraum für die meisten Tierarten stark einschränkt.

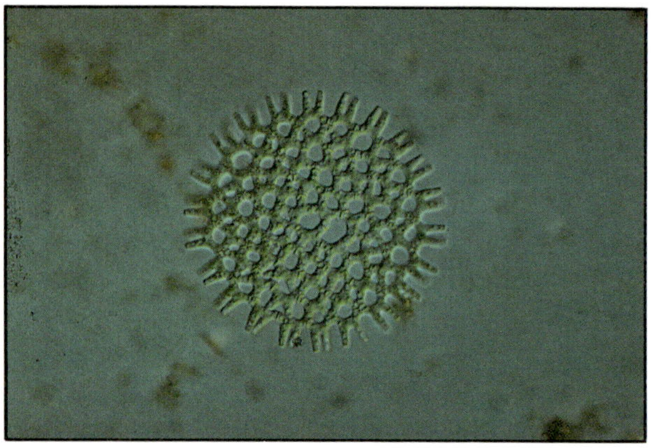

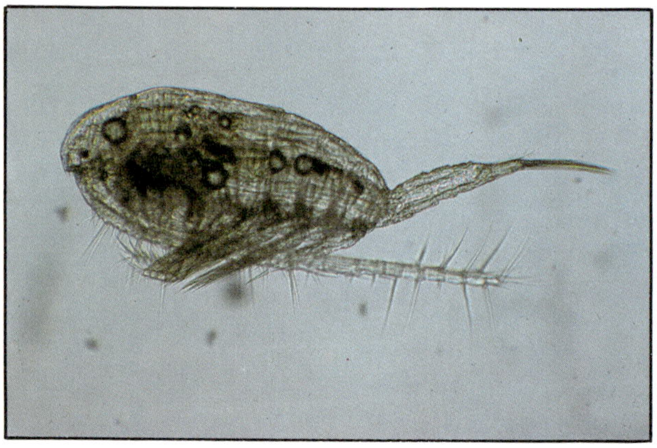

Wiedehopf und Kiebitz, Frosch und Unke sind selten geworden. Die veränderten Umweltbedingungen haben das klassische Storchenfutter stark dezimiert. Die Bastard-Schwertlilie gedeiht nur in den Zitzmannsdorfer Wiesen. Die Purpurkönigskerze ist im Seewinkel weit verbreitet.

Die Große Rohrdommel jagt in der Dämmerung und nachts, die Sumpfohreule auch tagsüber. Ausdauernde Beobachter können dort und da ihren lautlosen Beuteflug verfolgen. Mit dem Verschwinden der Feuchtwiesen wird auch die Uferschnepfe seltener.

An klaren Herbsttagen erscheinen die östlichen Eckpfeiler der Alpen, Schneeberg und Rax, zum Greifen nah über der Ebene. In den Novembernächten, wenn die Saatgänse durchziehen, kann man hier ein grandioses Naturschauspiel erleben (Seite 132). Der elegante Säbler ist zum Wahrzeichen der Region geworden (Seite 133). Einer der großen heimischen Schmetterlinge ist das Wiener Nachtpfauenauge, das im ganzen Mittelmeerraum vorkommt. Typisch für den pannonischen Bereich ist das Ziesel. Während Löffler noch in hoffnungsvollen Stückzahlen zu beobachten sind, zählt man von den Großtrappen nur mehr an die 40 Paare (rechte Seite).

Der Rotschenkel ist durch das seinem Namen entsprechende Aussehen leicht zu erkennen. Bis zur vierfachen Größe dehnen Frösche ihre Schallblasen aus. Für einige Stunden der Balzzeit verfärbt sich das Moorfroschmännchen stahlblau. Im dichten Schilf leben Deichrohrsänger, und die Seidenkreuzspinne spannt ihre Netze.

Fast symbolhaft stehen Rohrkolben, Wechselkröte und die Storchenfamilie für einen Lebensraum, der innerhalb weniger Jahre tiefgreifend verändert wurde. Noch besteht die Möglichkeit, den Empfehlungen der Fachleute Gehör zu schenken, um etwas von dem einmaligen Reichtum der Natur zu retten.

Naturschutzgebiet Sanddünen

Eine winzige Enklave im riesigen Marchfeld ist das bewahrte Areal der Sanddünnen nahe Lassee. Zwischen Föhren und mannshohem Wacholder gedeihen, je nach Jahreszeit, viele seltene Gräser und Blumen und vermitteln einen Eindruck, wie diese Landschaft ausgesehen haben mag, bevor sie unter den Pflug kam.

Bernd Lötsch

Für einen progressiven Konservativismus

„Konservativ" bedeutet dem Wortsinn nach keineswegs „altmodisch". Es heißt vielmehr „bewahrend", nach dem lateinischen Wort „conservare". Im englischsprachigen Teil der Welt nennt man die Naturschützer folgerichtig „conservationists", weil sie für gewachsene Naturwerte eintreten, für Ergebnisse jahrhunderte- bis jahrmillionenlanger Entwicklungen, die man, wenn einmal zerstört, mit keiner Technologie und auch nicht mit noch soviel Geld wieder erstehen lassen kann. Unsere Technozivilisation (besonders eine des weiteren Wirtschaftswachstums) kann weit mehr zerstören, als sie wiedergutzumachen vermag: Vernichtung von Urlandschaften, endgültiges Auslöschen von Tierarten, irreparable Schädigungen von genetischem Material, Embryonen im Mutterleib und kindlicher Nervensubstanz.

Deshalb wird es immer wichtiger, das Risiko neuer Unternehmungen, Planungen und Entwicklungen bereits vorher abzuschätzen. Geschieht dies durch verantwortungsbewußte, besorgte Wissenschaftler („concerned scientists" – wie die Amerikaner sagen) und nicht durch Gefälligkeitsgutachter interessierter Konzerne („concern scientists" – wie ich sie nenne), stellt also die Risikoabschätzung tatsächlich den Schutz von Leben, gesunder Umwelt und damit von physischer und psychischer Hygiene höher als kurzfristige Geldgewinne, so attestiert die Fachwelt dem Gutachten, es sei „on the conservative side", was soviel heißt wie „auf der Seite der Sicherheit". Ähnlich wie auf dem Gebiet des Denkmalschutzes geht es auch bei den Objekten des Naturschutzes um „gewachsene Werte", die nicht adäquat in Geld bezifferbar sind und daher oft einer Politik zum Opfer fallen, die mehr nach kurzsichtigen Kosten-Nutzen-Analysen denn nach langfristiger Verantwortlichkeit zu entscheiden gelernt hat. Das klingt aufrührerisch, beinahe systemgefährdend.

Deshalb werden kritische Ökologen, Mediziner, Landschaftsbewahrer, Naturliebhaber bei ihrem Eintreten für die wesentlichsten menschlichen Güter – Gesundheit, demokratische Mitbestimmung, Wohlbefinden, Natur- und Kulturwerte – oft gefragt, ob ihre Gesellschaftskritik etwa einer linksradikalen oder rechtsextremen Ideologie entspringe, ob sie selbst „progressiv" oder „reaktionär" seien – Etikettierungen, die man für „Establishment-Ankratzer" bereithält, um solchen „Fremdkörpern des Marktmechanismus" nicht humanitäre Ideale und bessere Einsicht zugestehen zu müssen. Denkmal kommt von Denken. Auch Naturdenkmal ...

Meine Antwort und die vieler meiner Freunde – die wir uns im Niemandsland gängiger Parteipolitik eine neue geistige Heimat bauen – pflegt zu lauten: Das beunruhigende an unserem Verständnis von Konservativismus ist: Wir sind wert-konservativ und deshalb struktur-progressiv.

Im Gegensatz dazu sind viele etablierte Konservative des linken wie des rechten Lagers heute nur mehr struktur-konservativ und sehen nicht, daß bei dem Versuch, bestimmte ökonomische oder politische Strukturen zu zementieren, ein immer größerer Teil unserer zeitlos gültigen Werte vor aller Öffentlichkeit mit Füßen getreten wird. „Konservative Interessenpolitik" verleitet nur allzuleicht dazu, das Risiko zerstörter Umwelt als akzeptabel hinzustellen. „Konservative Interessenpolitik" verführt gerade jene, die stets gegen Dirigismus und für freies Unternehmertum eintraten, einer Entwicklung das Wort zu reden, in der großtechnische Sachzwänge kaum noch demokratische Freiheiten oder politische Entscheidungsspielräume offenlassen und in welcher der Dirigismus „im Interesse der Menschen unseres Landes" z. B. zu einer Konzentration der Energieversorgung auf Großstrukturen führt, die nur mehr von staatlichen oder gar multinationalen Konzernen betrieben werden können und trotz aller Freiräume und Lebensräume, die man ihnen darbringt, letzten Endes noch immer keine ausreichende Versorgungssicherheit bieten, wie die Erfahrung zeigt.

Bereits 1975 formulierte Ernst Gehmacher, Leiter des IFES (Institut für empirische Sozialforschung) die Notwendigkeit zum Umdenken: „In unserer urbanisierten, kommerzialisierten und von Massenmedien gelenkten Kultur besteht große Gefahr, daß sich die Pluralität und Freiheit menschlicher Lebensform wieder einengt und, trotz aller formalen demokratischen und liberalen Mechanismen, eine manipulierte kulturelle Monotonie entsteht, die umso bedenklicher erscheint, als sie zwar auf Komfort und Genuß setzt, aber aktiver Entfaltung und tiefem Glücksempfinden abträglich ist. Es wäre äußerst sinnvoll, wenn sich neben einem derart bedenklichen Hauptstrom unserer Kultur mit seinen Monopol-Tendenzen ‚Gegen-Kulturen' entfalten könnten, die bewußt andere Werte in den Vordergrund stellen und deutlich unterschiedliche Lebensstile pflegen."

Daß die Bewahrung letzter Reste gewachsener, in ihrer Eigenart unverwechselbarer Öko-Systeme ein verzweifeltes Anliegen eben jener sein muß, die zu diesen „Gegen-Kulturen" tendieren, liegt auf der Hand. Es geht um eine Abwägung unterschiedlicher Wertvorstellungen: Qualität ist wichtiger als Quantität, Humanisierung ist wichtiger als Technisierung, Kultur ist beglückender als (Über-)Konsum, Gleichgewicht ist erstrebenswerter als Wachstum.

Es wird sich herausstellen, was – und wie verhältnismäßig wenig, nach westlichen Maßstäben gemessen – der Mensch braucht, um ein sinnvolles und befriedigendes Leben führen zu können. Uralte, halbvergessene Tugenden wie Konsumverzicht und Opferbereitschaft gewinnen in einem von Verschwendung und Egoismus zerstörten Lebensraum neue Bedeutung – und zwar nicht als religiöse Askese, sondern als naturwissenschaftlich begründbare Haltung aufgeklärter Menschen.

Eigenart und „Unverwechselbarkeit" sind wesentliche Voraussetzungen, um jemanden oder etwas liebgewinnen zu können, das gilt für Menschen, das gilt für Landschaften, das gilt für den Begriff Heimat im engeren wie im weiteren Sinne. Bewahren wir unserer Heimat ihre Unverwechselbarkeit, indem wir das schützen, was an ihr einmalig – und deshalb auch so ungeheuer gefährdet – ist.